一年四季
喝甜汤

甘智荣　主编

吉林科学技术出版社

图书在版编目（ＣＩＰ）数据

　　一年四季喝甜汤 / 甘智荣主编． — 长春：吉林科
学技术出版社，2015.4
　　ISBN 978-7-5384-9016-9

　　Ⅰ．①一… Ⅱ．①甘… Ⅲ．①甜味－汤菜－菜谱
Ⅳ．① TS972.122

　　中国版本图书馆 CIP 数据核字 (2015) 第 063662 号

一年四季喝甜汤

Yinian Siji He Tiantang

主　　　编　甘智荣
出 版 人　李　梁
责任编辑　李红梅
策划编辑　成　卓
封面设计　闵智玺
版式设计　谢丹丹
开　　本　723mm×1020mm　1/16
字　　数　200千字
印　　张　15
印　　数　8000册
版　　次　2015年4月第1版
印　　次　2015年4月第1次印刷

出　　版　吉林科学技术出版社
发　　行　吉林科学技术出版社
地　　址　长春市人民大街4646号
邮　　编　130021
发行部电话/传真　0431-85635177　85651759　85651628
　　　　　　　　　　85677817　85600611　85670016
储运部电话　0431-84612872
编辑部电话　0431-86037576
网　　址　www.jlstp.net
印　　刷　深圳市雅佳图印刷有限公司

书　　号　ISBN　978-7-5384-9016-9
定　　价　29.80元

甜总能让人联想到甜蜜、幸福和美好。情绪低落的时候，吃点甜食，心情会由阴转晴；而在开心、幸福的时候，甜食似乎具有将快乐持续得更久的魔力。甜汤，便是众多甜食中的一种，因其味道好、制作简单而受到许多人的喜爱。茶余饭后，或是朋友小聚，亲手制作一款美味甜汤，与朋友、爱人和孩子分享，那绝对是一种浪漫和幸福。

无论是百"莲"好合、传世五宝汤、浙贝母杏仁露，还是樱桃雪梨汤、水果藕粉羹……道道都是美味，仅看到这些名字，就足以让人垂涎欲滴，跃跃欲试。水中放上两三种食材，加点糖，煮一煮，便可做出一碗简单的甜汤。不过，如果你对煲汤的火候、时间和技巧以及养生的秘诀有所了解，那么制作起来会更得心应手，还会为你的甜汤增添保健养生的特色。那么，如何选择甜汤食材？怎样搭配恰到好处？煲制甜汤有哪些诀窍？不用担心，本书将帮您轻松获得这些技巧。

从食材的选择，到详尽的步骤指导和贴心的烹饪提示，每一个细节本书都为您考虑，让即便是厨房新手的你也可以轻松驾驭各种甜汤食材，做出自己心仪的甜汤，让生活再"甜"一点。一碗甜汤，或清润、或滋补，都是一年四季不错的美味选择。酷暑难耐的时节，一口甜汤，清热解暑，让人在炎炎夏日享受些许清凉；天寒地冻的时节，一口甜汤，滋补暖身，在热气腾腾的汤水中品味冬日的甜蜜。您只需根据书中介绍，并结合四季特点进行选择，即可做出营养可口的甜汤，轻松达到一年四季喝甜汤、天天都有新花样的目的。

除了参照书中介绍的甜汤煲制方法，您还可以扫描图片下方的二维码或下载"掌厨"APP，免费观看每一道甜汤的视频操作过程，让你一年四季都能轻松享受生活的"甜蜜"滋味。

C O N T E N T 目录

Part 1 甜蜜诱惑，不可抵挡

Part 2 春季喝甜汤，益气升阳

Part 4 秋季喝甜汤，润肺平燥

Part 5　冬季喝甜汤，滋补暖身

Part 1

甜蜜诱惑，
不可抵挡

　　谈起甜汤，你是否会不由自主地想到解暑的最佳选择——绿豆沙，平日里喜爱的银耳莲子羹……一碗甜汤散发出来的淡淡清香，缠绵在唇齿舌尖的甜蜜味道，无不让人留恋于甜蜜的滋味中不可自拔。一碗甜汤究竟有何神奇之处？在家怎样做出一碗精致的美味甜汤？不妨跟我们一起去了解其中奥妙吧。

甜汤的奇妙之处

甜汤也称"糖水"，既有糖汁，也有干食，并非在热水里加点糖那么简单。甜汤种类繁多，有绿豆沙、银耳莲子羹以及各种加入水果的西米露、西米捞。食用甜汤时可以根据季节的变化和个人喜好，选择热食或冻食。

〔甜汤的历史〕

博大精深的甜汤文化在中华大地孕育了数千年，其起源可以追溯到古代王公贵族宴会后吃的一种甜汤，其功能是调和食气，帮助消化。

历经千年演进，甜汤已经成为中华饮食文化的一个重要组成部分。唐朝有夏季甜汤"冰莲百合"，宋朝有冬季甜汤"赤豆糖粥"，而清代广受欢迎的"酸梅汤"更是流传至今。如今甜汤的品种更为丰富，大街小巷遍布各种甜品店，喝甜汤成

为另一种生活时尚。好的甜汤不但能满足人们"食不厌精、脍不厌细"的口福，更能达到"夏秋去暑燥、冬春防寒凉"的保健效果。

〔甜汤的营养功效〕

多数人喝甜汤只是对其美味情有独钟，殊不知甜汤也具有较高的营养价值。甜汤和汤一样，是慢火熬炖出来的，同样具有滋补养生功效。一般而言，甜汤具有滋补和清热祛湿两大功效。

具有滋补功效的食材，如红枣，富含维生素、矿物质和膳食纤维，历来被认为是滋补佳品，中医中药理论认为，红枣具有补虚益气、养血安神、健脾和胃等作用，是脾胃虚弱、气血不足、倦怠无力、失眠多梦等患者良好的保健营养品，在甜汤中加入红枣能起到补养身体、滋养气血的作用。而具有清热功效的食材，如莲子，性平、味甘涩，可以清心火、平肝火、泻脾火、降肺火、消暑除烦、生津止渴、治目红肿；雪梨具有清热润燥、清心润肺、化痰止咳等功效。

此外，专家称喝甜汤能缓解烦躁失眠，这是因为喝甜汤之后能促进体内血清素的产生，进而起到安神助眠的效果。普通甜汤与止咳糖浆中的两种主要成分没有太大差别，因此，甜汤对止咳也有辅助的功效。

糖，甜汤好搭档

糖，也称"糖霜"，是制作甜汤必不可少的材料。生活中经常食用的糖有白糖、红糖、冰糖、蜂蜜，你可知这些常见的糖都具有什么功效？食用时又有哪些值得注意的地方？

〔白糖〕

白糖是由甘蔗或甜菜榨出的糖蜜制成的精糖，色白干净，甜度高，有舒缓肝气、润肺生津、和中益肺、止咳、滋阴、除口臭的功效。适量食用白糖有助于提高机体对钙的吸收，但是不要过多食用。糖尿病患者、肥胖症患者和痰湿偏重者不能食用白糖。

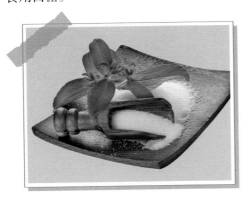

〔红糖〕

红糖，又称"赤砂糖"，是由甘蔗炼制而成的赤色结晶体。红糖中含有多种人体必需氨基酸和微量元素，如赖氨酸、铁、锌、锰、铬等，其营养成分比白糖高很多，具有益气补血、健脾暖胃、缓中止痛、活血化淤、排毒滋润的作用。红糖虽好，但消化不良者、阴虚内热者和糖尿病患者不宜食用红糖。此外，在服药时，也不宜用红糖水送服。

〔冰糖〕

冰糖是砂糖的结晶再制品，由于其结晶如冰状，故名冰糖。冰糖具有补中益气、和胃润肺、祛脂降压、清热去火、解毒等功效，对肺燥咳嗽、干咳无痰、咳痰带血都有很好的辅助治疗作用；可用于肺燥、肺虚、风寒劳累所致的咳喘、小儿疟疾、口疮、牙痛等症。

〔蜂蜜〕

蜂蜜是一种天然食品，味道甜蜜，所含的单糖，不需要经消化就可以被人体吸收，对妇女、老人具有良好的保健作用。经常食用蜂蜜能迅速补充体力，消除疲劳，增强对疾病的抵抗力，还能在口腔内起到杀菌消毒的作用；蜂蜜还能调节胃酸分泌，增强胃肠蠕动，缩短排便时间。

不过，未满1周岁的婴儿、湿阻中焦的脘腹胀满、苔厚腻者以及糖尿病患者不宜食用蜂蜜。

应季甜汤多选择

春温、夏热、秋凉、冬寒，这是一年四季中气候变化的一般规律。人体在四季气候的规律性影响下，也以不同的生理功能来适应。跟随季节的律动，选择适合该季节的甜汤食材，让四季变得简单而甜蜜。

〔春季甜汤食材选择〕

经过一冬的蛰伏，"春三月，天地俱生，万物以荣"，人体新陈代谢加快，气血趋于表层，阳气向外蒸腾。因此，春季调养必须顺应春季阳气升发、推陈出新的特点，注意保护阳气，而这也正好与"春宜养阳"的原则一致。

《黄帝内经·素问》中指出，"阳气者，若天与日，失其所，则折寿而不彰。"由此可见，保养阳气的重要性。人体阳气的根本在于肾阳，它对各个腑脏的生理活动起着温煦与推动作用，可谓是人体热能的来源。立春时节一定要注意休息，劳逸结合以巩固肾阳，在饮食上可选择温补的食物，如柑橘、桂圆、花生、红

枣、莲子、红糖、小米、山药、薏米等。

立春过后，进入雨水时节，而南方地区正是雨量增多、空气潮湿、天气变化无常的时节。这时需要加强对脾胃的调养，饮食宜增甘少酸，可以多吃用红枣、山药、胡萝卜、莲子等食物熬制的甜汤，还可以搭配沙参、白菊花、首乌粉等生发阳气的中药材，以滋补强身。

惊蛰，气温攀升快，草木生发，同时也是多种细菌、疾病"生发"的时期，饮食宜清淡、多吃富含维生素C的食物，如红枣、蜜枣、银耳、番石榴、核桃等，以增强免疫力。另外，惊蛰时期人体脾胃较为虚弱，如果过多食用糯米这类较难消化的食物，可能引起消化不良，尤其是儿童和老人要少食糯米。

春分时节，要禁食偏升、偏降、过热、过寒的食物，以保持人体内阴阳平衡，亦可以适当食用些温中散寒的姜片、莲子等食物。

清明过后气温回升，出汗增多，也带走人体大量水分，容易"上火"，应避免食用荔枝、桂圆、榴莲等热性的水果。同时，少吃笋，多吃银耳。这是因为，竹笋性寒，且属于发物，食用过多可能使人气

虚，甚至诱发慢性疾病；而银耳性平，营养丰富，有润肺生津、柔肝降火的功效。

春末，身体易出现积热之症，可多吃一些清热的食物，如绿豆、酸梅、马蹄、黄瓜、冬瓜、香蕉、草莓等。

〔夏季甜汤食材选择〕

夏季包括立夏、小满、芒种、夏至、小暑、大暑六个节气，从立夏开始到立秋前结束。《素问·四气调神大论》说："夏三月，此谓蕃秀，天地气交，万物华实"。夏季是天地之气相交最为旺盛的季节，夏季调养应顺应阳盛于外的特点，注意养护阳气、消暑生津。

进入立夏，天气炎热，心火易于亢盛，宜选择红豆、红枣、枸杞、西瓜、山楂、草莓、葡萄等红色食物和苦瓜、苦菜、蒲公英、荷叶等苦味食物，以养血养心，清热解暑。此外，立夏之后，人容易因暑湿脾虚而出现"夏打盹"、食欲缺乏的状态，可以多吃山药、薏米、莲子等食物进行调养。

小满的到来，拉开了炎热夏季的帷幕，高温高湿、湿热交加是此时南方大多数地区普遍的气候特征，天气炎热，湿邪

容易入侵。因此，在饮食上可以选择清热利湿的食物，如冬瓜、黄瓜、马蹄、木耳、西红柿、山药、西瓜等。适当食用冷饮可以清心、醒脑、清暑，但是应少吃或不吃生湿助湿、酸涩辛辣、微热的食物以及海鲜发物。

气温的波动在芒种时节较为剧烈，因此，这个时节不宜食用过多凉性食物，以免损伤脾胃，也不宜食用过多热性食物，以免助热生疮。

夏至是一年中阳气最盛的时候，也是阳气聚集在体表，容易损耗的时候。夏季暑热会伤阳，而过食冷饮也可能会使阳气受到损伤，从而引发疾病。与此同时，夏至出汗较多，盐分和电解质损失较大，除了需要补充盐分，还需要食用一些带有酸味的食物，如西红柿、柠檬、乌梅、山楂、蓝莓等，以生津、去腻、增进食欲。

潮湿闷热是小暑时节的特点，面对高温、相对湿度较大的天气，人体容易感到烦躁、疲倦，出现食欲缺乏、消化不良的症状。很多甜汤有清热的功效，可以多喝一些，不仅能消暑，还能补充身体所需的水分，宜选择荷叶、薄荷、菊花等具有芳

香气味的食材。

大暑正值中伏前后，40℃左右的高温天气在我国的大部分地区是很常见的。此时，防暑降温刻不容缓，饮食上宜选择清热利湿的绿豆、冬瓜、西瓜等食物，切不可大量饮用冷饮。

〔秋季甜汤食材选择〕

金秋时节，阴气逐渐滋长，而阳气慢慢收敛，如果能按照季节的变化规律养护阴气，就能使得阳气收敛而不至于散失，为春夏阳气的生发打好基础。简而言之，"秋冬养阴"。而"肺主一身之气"，养阴气的关键在于养肺。这个季节宜选择滋阴养肺、祛燥补气的食物，如梨、银耳、芝麻、蜂蜜、乳品等。

进入秋季，天气逐渐转凉、空气变得干燥，为预防"秋燥"给身体带来的伤害，在饮食上可以多吃些藕、银耳、百合、莲子、蜂蜜、糯米、奶类等清润食品以及梨等新鲜水果。尤其是处暑时节，秋燥更为严重，燥气盛容易损伤肺部，加之"肺病禁苦"，因此，这个季节要少食苦瓜、杏等苦燥伤阴之物。

秋季中期，早晚较凉，白天气温较高，燥邪和湿热邪气同时存在，容易形成"温燥"。中医讲"治燥不同治火"，由于"治火可用苦寒，燥证则宜柔润"，即调理温燥要多吃一些辛凉甘润的食物，如薄荷、菊花、梨、萝卜等。这个时节早餐最好选择喝粥以健脾益胃，如红糯米山药枸杞粥、百合马蹄小米粥、黑米银耳红枣粥等。午餐和晚餐前宜喝汤以滋阴润燥、清热生津，如冰糖湘莲甜汤、银耳雪梨汤、杏仁银耳润肺汤等。

秋末，天气由"凉爽"转为"寒冷"，阴升阳退，"寒"和"燥"很容易一起形成"凉燥"。这个时节要及时进补，来平衡体内的阴阳之气，防止"凉燥"损伤身体。大部分人可以通过食补养生，如羊肉、牛肉、山药、莲子、百合、白果等，而肺病患者或老师、营业员等损耗肺气较多的人则应选择药补，可选的药材有白参、芡实等。与此同时，润燥可以选用枸杞、麦冬、梨、莲藕等有滋阴清热功效的食材，而不宜大量饮用凉茶，否则可能损伤人体阳气，导致脾胃功能失调，加重"凉燥"的症状。

〔冬季甜汤食材选择〕——

"养藏"是冬季养生的重中之重。"藏"即储藏体内的精气神，而腑脏中的肾与"藏"的关系最为紧密，肾乃封藏之根本。在寒冷的冬天，适当进补，调养肾脏，还能保持健康，因此，民间有"三九补一冬，来年无疾病"的俗语。

冬季进补，可以扶正固本、培养元气，但是进补也要因时而选、因人制宜。

冬季初始，应该补气。"春夏养阳，秋冬养阴。春温清淡，夏热甘凉，秋季生津，冬季温热。"秋冬养阴，应养肾防寒，宜食用豆类、奶类、芝麻、板栗、木耳、红薯、花生、核桃等温热性食物。此时选择食物还需防上火，遵循"寒则温之，虚则补之"的饮食原则。

冬季中期，应该补肾。气温渐寒，阳气内藏，人体内能量不断蓄积，却也是人体消耗能量较大的时期，所以适当进补不但可以提高免疫力，还能在人体内储存滋补食物中的有效成分，为第二年春季，甚至整年的健康打下良好的基础。按照中医理论，冬季合于肾，亦归于黑，用黑色食

物补养肾脏，无疑是最好的选择，例如黑芝麻、黑木耳、黑米、香菇、海带、甲鱼、乌鸡等。

冬季末期，阴阳并补。宜食桂圆、荔枝等温热食物，还可以适量吃一些生津养阴、甘凉滋阴的清补类食物，例如糯米、甘蔗、山药等。忌食生冷瓜果、菊花、薄荷、金银花等寒凉性食物。

针对不同人群，冬季进补也应有所区别。气虚的人宜吃糯米、番薯、黄豆、花生、南瓜、山药，忌食生冷性凉、破气耗气、油腻、辛辣的食物；而血虚的人可以食用各种动物肝脏，特别注意的是应忌食冷性的食物，如菊花、薄荷、海藻等；而脾胃虚弱的人盲目进补营养丰富、滋腻厚重的补品，不但起不到补虚的功效，还有可能引起腹胀便溏、口干、皮疹、嗳气呕吐等症，也就是"虚不受补"。根据中医"冬令进补，先引补"的经验，脾胃虚弱者可在进补前至少1个月选用芡实、红枣、花生加红糖炖服，等到冬令时节再进补，以起到较好的补益效果。

甜汤煲制课堂

　　甜汤，因其简单易操作而深受欢迎，但一碗好的甜汤实则有着类似老火汤的精工细作，也有着一点一滴精妙技法的拿捏。那么，如何才能煲制出美味甜汤？不同食材又该怎样处理？

〔食材浸泡需注意什么〕

　　（1）银耳宜先用开水泡发，泡发后把黄色部分剪掉，再泡冷水即可恢复其软嫩性质。

　　（2）干百合泡水的时间不宜过长，30～40分钟即可，泡得太久容易碎，煮的时候也容易烂。

　　（3）干莲子在煲制前，要先用热水浸泡，否则莲子不易煮烂，也不好食用。

　　（4）干雪蛤在制作前，需要用微热的清水浸泡8～12小时，一般泡到开花，变成棉花状即可。

　　（5）腐竹浸泡前先捏碎，这样煮出来的腐竹是一条一条的，口感会更好。

〔什么时候放糖最好〕

　　甜汤快煮好的时候再放糖，并用勺搅拌，可加速糖块溶化，使甜味更均匀。如果过早放糖，待汤汁煮得浓稠后，很容易出现焦煳味，影响甜汤的美观和口感。

〔如何快速煮熟豆类〕

　　（1）将豆类放入塑料袋中，扎好袋口，放入冰箱内冷冻一天左右再拿出来煮，这样可以大大节省煮的时间，豆子也更容易软烂。

　　（2）红豆在制作前可提前浸泡一个晚上，绿豆可在制作前浸泡30分钟，且在煮的过程中不时用勺子在锅中搅拌，让其均匀受热，快速煮熟。

　　（3）在煮豆类时，可以放入几片山楂同煮，豆子比较容易煮熟。

〔怎样煮西米更好吃〕

　　西米颗粒较小，烹调技巧不当就很容易黏成一团，煮西米要掌握三个关键步骤，即"先煮，后焖，再冲凉"。

　　煮。锅中注入足量的清水，水快开时，把洗好的西米倒入锅中，改小火，一边煮一边用勺子慢慢搅拌，以免西米粘锅底。如果中途需要加水，必须加热水，绝不能加冷水。

焖。西米煮约10～15分钟后，盖上盖子再焖几分钟，让西米熟透。

冲凉。用漏勺捞出焖熟的西米，放入准备好的凉水中，也可以直接用自来水冲凉，目的是让西米更清爽，不黏在一起。

〔如何煮鸡蛋〕

（1）带壳鸡蛋不破裂的技巧。将鸡蛋和水一起放入锅中，用小火煮至水沸腾，续煮5～10分钟即可取出，鸡蛋壳就不会破裂。剥壳时想让鸡蛋不黏壳，剥得完整、漂亮，最好在鸡蛋煮熟拿出来时，将其放到凉水里冷却片刻。

（2）煮荷包蛋的技巧。先将鸡蛋打入碗中，将水煮开后，再慢慢倒入鸡蛋，关火，即可看到蛋清全熟，将蛋黄包裹其中，不会破裂。

（3）做琉璃状蛋花方法。甜汤煮好后，关火，将调好的蛋液慢慢倒入汤中，用勺拌煮片刻，便会出现琉璃状漂亮的蛋花了。

〔怎么做水果糖水〕

水果在制作甜汤前，最好削去外皮，以防止残留农药危害身体。

洗草莓时，先不要摘下草莓蒂，用自来水冲洗后再放入淡盐水浸泡，或是用少量面粉加水搅拌，再冲洗，这样洗得更干净，且不会弄破草莓表皮。

荔枝应挑选果肉透明、汁液不溢出、果肉结实的；荔枝壳上有一条纵向竖线，沿着它捏，壳很容易裂开。

橘子内侧的白膜含有丰富的维生素C和果胶，可以促进通便，降低胆固醇，也可以解决痰多咳嗽、食欲缺乏的问题。同时，做甜汤的橘子去皮后，不要扔掉皮，橘皮加糖煎服，或晒干后泡水饮用，可以治感冒。

红枣皮中含有丰富的营养素，煲糖水时应连皮一起煲。泡干红枣的水也可以用于煲汤。

食用药品后，不宜吃柚子。

孕妇忌食山楂糖水。

忌空腹吃柿子，以免形成结石；吃柿子后短时间内不能吃海鲜，否则会中毒。

甜汤食材大观园

可以用来制作甜汤的食材很多，不同的食材具有不同的功效，或滋补，或清热，我们可以根据食材的特点选择，将不同的食材搭配食用，达到不同的养生效果。究竟这些食材具有哪些功效？下面将为您一一解说。

〔小米〕

小米又称粟米、谷子，有"代参汤"的美称。小米性微寒、味甘，有健脾和胃、补益虚损、清热解毒、安神助眠等功效。

〔薏米〕

薏米又称"薏苡仁"，有利水消肿、健脾去湿、舒筋除痹、清热排脓等功效。生薏米煮汤食用，利于去湿除风；而用于健脾益胃、治脾虚泄泻则须炒熟食用。

〔西米〕

西米，形似珍珠，有小西米、中西米和大西米3种，其主要成分是淀粉，具有温中健脾、补肺化痰、美容润肤等功效，可治脾胃虚弱和消化不良。西米口感爽滑有弹性，经常用于做粥、羹和点心。

〔绿豆〕

绿豆性寒、味甘，具有清热解毒、抗菌抑菌、利尿消肿、止渴健脾以及消暑除烦等功效。绿豆香甜可口、入口松化，十分适合老人和小孩食用。常吃绿豆能降火气、使皮肤细腻。

〔红豆〕

红豆，又称赤小豆，其中含有丰富的皂角甙、膳食纤维、叶酸、钙、铁、磷等营养成分，具有解毒排脓、利尿消肿、润肠通便、降血压、降血脂等功效。

〔莲子〕

莲子性平、味甘涩，有补脾止泻、益肾涩清和养心安神的作用，主要用于改善失眠和脾虚引起的食欲缺乏。

〔银耳〕

银耳又名小燕窝、雪耳、白木耳，被历代皇家贵族作为"延年益寿之品"。银耳性平、味甘淡，具有滋阴清热、润肺止咳、养胃生津、美容嫩肤、补肾强心、延年益寿等功效。

〔山药〕

山药又称淮山，味甘、性平，有健脾益精、聪耳明目、助五脏、强筋骨、长志安神、延年益寿等作用，主治脾虚泄泻、倦怠无力、食欲不佳、肺虚咳喘、带下白浊、肾虚尿频等症。

〔木瓜〕

木瓜，果肉厚实细致、香美可口、营养丰富，具有健脾消食、消暑止渴、润肺止咳、排毒和增强机体抗病能力的作用。

〔苹果〕

苹果营养丰富，是老幼皆宜的水果之一，被营养学家和科学家称为"全方位的健康水果"。苹果中的营养成分可溶性大，易被人体吸收，常吃苹果可起到开胃生津、止泻、保护心脑血管健康和预防感冒等作用。

〔雪梨〕

雪梨素有"百果之宗"的美誉，具有开胃护肝、清肺止咳、利尿通便、减低胆固醇、镇静心脾和促进消化的作用。饭后吃一个雪梨，能促进胃酸分泌，帮助机体排出多余的脂肪。

〔芒果〕

芒果既能制作布丁，又可以与西米露和凉粉等搭配，制作各种甜汤。芒果中含有丰富的维生素A、维生素C、维生素B_1、维生素B_2等成分，具有美容护肤、清肠润便、防治高血压和动脉硬化等功效。

〔山楂〕

山楂，又名山里红、红果、胭脂果，有很高的营养和医疗价值。山楂性微温、味甘酸，是开胃消食、活血化瘀、治疗腹泻的常用食物，可用于调理肠胃，尤其适合食肉过多的人。

〔龟苓膏〕

龟苓膏是以龟板和土茯苓为主要原料，再配上生地等其他药材精制而成。其性温，不凉不燥，老少咸宜，具有清热去湿、旺血生肌、止瘙痒、去暗疮、润肠通便、滋阴补肾、养颜提神等功效。

〔海底椰〕

海底椰是夏季常见的一种汤料，其与椰子的最大差别在于，海底椰以食椰肉为主，椰子取其汁液。海底椰有滋阴壮阳、除燥清热、润肺止咳等作用。

〔枸杞〕

枸杞性平、味甘，具有滋阴润肺、养肝明目、补肾益精、延年益寿的功效；主治肝肾阴亏、腰膝酸软、头晕目眩、虚劳咳嗽、消渴等症。

〔红枣〕

红枣有"天然维生素丸"之称，性平、味甘，具有补中益气、养血安神、健脾和胃、健脑益智等功效，可用于调节脾胃虚弱、气血亏损、贫血、低血压、体倦无力、面黄肌瘦等症。

〔桂圆〕

桂圆性温、味甘，具有开胃益脾、养血安神、健脑补虚和防止手脚冰冷的作用。桂圆肉含较高的糖分，煲汤食用，味道更浓郁鲜美，且不会腻。选购桂圆时以颗粒较大、壳色黄褐、壳面光洁、薄而脆者为佳。

〔核桃〕

核桃又称核桃仁、山核桃，性温、味甘，可以强健筋骨、滋补肝肾、预防动脉硬化、润肤、乌须发、健脑益智，长期食用还对癌症有一定的预防效果。

〔百合〕

百合为药食兼优的滋补佳品，可补中益气、润肺止咳、宁心安神、美容养颜。好的百合颜色白净且带有光泽，每片的大小均等。百合虽能补气，但也会伤肺气，不宜多食。

〔白果〕

白果，又称银杏，性温、味甘，可食用，也可入药。经常食用白果，可以滋阴养颜、抗衰老、延年益寿，促进血液循环，使人肌肤、面部红润、精神焕发。

〔黑芝麻〕

黑芝麻性平、味甘，有补血、润肠通便、生津和养发的功效，对于防治身体虚弱、须发早白、咳喘、贫血和肠燥便秘等症有较好疗效。优质的黑芝麻色泽鲜亮、纯净、大而饱满、皮薄、嘴尖而小。

〔燕窝〕

燕窝，又称燕菜、燕根、燕蔬菜，性平、味甘，可养阴润燥、益气补中、延缓衰老，对咯血吐血、久咳痰喘，阴虚发热等导致津液脱失的病症具有较好的作用。燕窝性质平和，功效渗透慢，需坚持服用方有神奇效果。

〔雪蛤〕

雪蛤有自然界"生命力之冠"的美称，具有补虚损、解劳热、治身体衰弱、产后气虚、肺痨咳嗽之功效。雪蛤虽好，但吃得太多也会有副作用，一般人每次吃10～15克就已足够。

〔川贝〕

川贝，又称贝母，性微寒、味甘，为常用的化痰止咳药，具有润心肺、清热散郁、消肿的功效。选购川贝以颜色洁白、质地坚实且颗粒整齐均匀者为佳。

〔陈皮〕

陈皮即橘皮，性温、味苦，具有理气和中、健脾消食、燥湿化痰、解腻留香、降逆止呕及增进食欲等功效。煲汤时加几块陈皮，不仅能使汤味道更鲜美，还能促进消化液的分泌。

〔老姜〕

老姜为广东三宝之一，性微温、味辛，能祛风散寒、化痰止咳、温中止呕、促进血液循环、保持体温和预防感冒。不过，患痔疮者忌姜、酒同食，以免复发。

〔牛奶〕

牛奶是人们日常生活中喜爱的饮品之一，营养价值较高，其所含的优质蛋白质、乳糖和钙都较为丰富，易于人体消化吸收。经常饮用牛奶，能滋润肌肤、镇静安神、促进儿童脑部和骨骼发育，还能使头发乌黑、减少脱落。

Part 2

春季喝甜汤，
益气升阳

"春气之应，养生之道也。"意思是说春季养生应顺应阳气自然升发舒畅的特点，注意保持体内阳气，使之充沛并不断旺盛起来。一年之计在于春，春季养好身体可为一整年的健康打下牢固的基础。就春季饮食而言，中医理论认为，"春日宜省酸增甘，以养脾气"。可见，一碗甜汤的确是春季养生的不错选择。春季宜选择的甜汤有哪些？下面就让我们一起来了解一下。

杨桃桂圆甜汤

难易度：★☆☆☆☆　　🍚 1人份

烹饪时间 Times 23分钟

🍲 原 料

杨桃100克，桂圆肉15克，紫苏梅汁50毫升

🍶 调 料

冰糖少许

🍳 做 法

1.洗净的杨桃切片，再切成小块，备用。
2.砂锅中注入适量清水烧开，倒入备好的桂圆肉，放入切好的杨桃，搅拌匀。3.盖上盖，用大火煮开后，转小火煮约20分钟至食材入味。4.揭开盖，倒入备好的紫苏梅汁。5.加入适量冰糖，用勺搅拌均匀，煮至冰糖溶化，盛出，装碗即可。

桂圆山药羹

难易度：★☆☆☆☆　　🍚 2人份

🍲 原 料

山药200克，桂圆肉20克

🍶 调 料

白糖25克

烹饪时间 Times 24分钟

🍳 做 法

1.洗净去皮的山药切厚块，再切条，改切成丁，备用。2.把山药放入烧开的蒸锅中，盖上盖，用中火煮约10分钟至熟；揭盖，取出，剁成泥状。3.砂锅中注入适量清水，倒入桂圆肉，用小火煮约10分钟；倒入山药泥，拌匀。4.盖上盖，用小火再煮3分钟。5.揭盖，加入适量白糖，拌匀，煮至溶化，装盘。

做法

❶ 山药切小块，备用;砂锅中注水烧开，倒入大米，拌匀。

❷ 加入山药，大火煮开后转小火续煮1小时至熟软。

❸ 放入枸杞，拌匀;加入红糖，搅拌至溶化。

❹ 关火后加盖，焖5分钟至入味;揭盖，搅拌一下。

❺ 盛出煮好的粥装入碗中;再放上少许枸杞点缀即可。

烹饪时间
Times
67 分钟

红糖山药粥

难易度：★★☆☆☆　　🍴2人份

原料

大米80克，去皮山药150克，枸杞15克

调料

红糖30克

烹饪小提示

切好的山药若不马上使用，应立即放入水中，以防止氧化变黑，影响外观及营养成分。

红枣桂圆红豆薏米饮

难易度：★☆☆☆☆　　👤 1人份

烹饪时间
Times
31分钟

🍴 原 料

红枣20克，水发红豆90克，水发薏米80克，桂圆肉25克

🍶 调 料

白糖20克

🍵 烹饪小提示

红豆和薏米比较硬，在煲汤前可用冷水浸泡几个小时，更容易煮烂；桂圆比较甜，因此可以少放些糖。

🔪 做 法

❶ 砂锅中注水烧开，倒入备好的原料。

❷ 盖上盖，烧开后用小火煮约30分钟。

❸ 揭盖，放入白糖，搅拌匀，煮至其溶化。

❹ 盛出煮好的汤料，装入碗中即可。

做 法

❶ 洗净的马蹄肉切成小块；红枣、桂圆、枸杞洗净，备用。

❷ 砂锅中注入适量清水烧开，放入食材。

❸ 盖上盖，烧开后用小火煮约20分钟。

❹ 揭开盖，放入备好的桂花，搅拌匀。

❺ 加入适量白糖，拌匀，煮约半分钟至其溶化，装入碗中即可。

烹饪时间
Times
23分钟

桂圆马蹄糖水

难易度：★☆☆☆☆　　🍴2人份

🔵 原 料

马蹄肉200克，桂圆肉25克，红枣30克，枸杞8克，桂花少许

🔵 调 料

白糖25克

🔵 烹饪小提示

桂圆、红枣、马蹄都带有甜味，所以白糖可以少加些；水要一次性加足，中途不宜再加水，否则会使口感变差。

桂圆红枣银耳羹

难易度：★☆☆☆☆　　👤 1人份

烹饪时间
Times
32分钟

📍 原 料

水发银耳150克，红枣30克，桂圆肉25克

🥄 调 料

食粉3克，白糖20克，水淀粉10毫升

🍲 烹饪小提示

银耳焯水的时间不宜太久，否则会破坏银耳脆嫩的口感；煲煮红枣不要削去红枣皮，以保留红枣的营养。

🥄 做 法

❶ 洗好的银耳先切去黄色根部，再切碎。

❷ 放入开水锅中，加入食粉，拌匀，煮至熟软后捞出。

❸ 砂锅中注水烧开，放桂圆、红枣、银耳，用小火煮30分钟。

❹ 倒水淀粉，加白糖，调味；煮至汤汁浓稠，盛出，装碗。

做法

1 洗净的银耳切除黄色部分，再切成小块，装盘备用。

2 开水锅中放入莲子、银耳，小火煮至食材熟软。

3 放入处理好的燕窝，煮至食材融合在一起。

4 边搅边加入水淀粉，煮至黏稠，放入冰糖。

5 继续用勺搅拌均匀，至冰糖溶化；关火后，盛出，装碗即可。

🕐 烹饪时间 Times 37分钟

燕窝莲子羹

难易度：★☆☆☆☆　　🍴 1人份

原料

莲子30克，燕窝15克，银耳40克

调料

冰糖20克，水淀粉适量

烹饪小提示

银耳等食材需提前泡几个小时，气温较高时可以放在冰箱冷藏。烹饪莲子前，可将莲子心去除，以免有苦味。

枸杞红枣莲子银耳羹

难易度：★☆☆☆☆　　👥 1人份

烹饪时间
Times
35分钟

🍲 原　料

水发银耳30克，水发莲子25克，红枣15克，枸杞10克

🍯 调　料

冰糖适量

🥄 烹饪小提示

为了食用方便，建议红枣去核后再烹调。若不爱吃莲子芯，可将莲子芯取出来泡水喝，具有清心去热的功效。

🥢 做　法

① 锅中倒入适量的清水，用大火烧开。

② 倒入切好的银耳，再加入洗净的莲子、红枣，搅拌片刻。

③ 烧开后改用中火煮约30分钟，至全部食材熟软。

④ 倒入枸杞、冰糖，搅匀，煮至完全溶化；关火后，盛出即可。

🍲 做 法

❶ 洗净去皮的马蹄切成小块，备用。

❷ 砂锅中注入适量清水烧开，倒入切好的马蹄。

❸ 加入莲子、枸杞，盖上盖，烧开后用小火煮至熟透。

❹ 揭开盖，放入适量冰糖，用勺搅拌匀。

❺ 略煮一会儿，至冰糖溶化；盛出煮好的糖水，装入汤碗中即可。

烹饪时间
Times
25分钟

莲子马蹄糖水

难易度：★☆☆☆☆　　🍚 1人份

🥬 原料

水发莲子150克，马蹄120克，枸杞少许

🍯 调料

冰糖30克

🥄 烹饪小提示

若买回来的莲子是干的，可先用温开水泡发，能去除其涩味。锅中的水要一次性加足，煮的过程中不能再加水。

麦枣桂圆汤

难易度：★☆☆☆☆　　🧍1人份

➲ 原 料

浮小麦15克，红枣25克，甘草15克，桂圆肉15克

🍯 调 料

冰糖30克

✍ 做 法

1.砂锅中注入适量清水烧开。2.倒入备好的浮小麦、红枣、甘草、桂圆肉，用勺搅拌均匀。3.盖上盖，烧开后转小火煮约30分钟，至药材析出有效成分。4.揭开盖，放入备好的冰糖。5.搅拌匀，略煮片刻，至冰糖全部溶化；盛出煮好的麦枣桂圆汤，待稍微放凉后，即可饮用。

牛奶莲子汤

难易度：★☆☆☆☆　　🧍3人份

➲ 原 料

牛奶250毫升，去芯莲子100克

🍯 调 料

白糖15克

✍ 做 法

1.砂锅中注入适量清水烧开，放入泡好的莲子，用勺搅拌均匀。2.盖上盖，用大火煮开后转小火续煮约40分钟至食材熟软。3.揭开盖，加入适量白糖，拌匀至其溶化，倒入备好的牛奶，稍煮片刻至入味。4.关火后，盛出煮好的甜汤，装碗即可。

马蹄红糖水

难易度：★☆☆☆☆　　🍲 1人份

🕐 烹饪时间
Times
16 分钟

🔵 原 料

马蹄50克

🔒 调 料

红糖少许

◎ 烹饪小提示

马蹄切成小块，这样更易熟透。这道汤清凉润肺，味道清甜，老少皆宜，夏天食用，具有很好的解暑作用。

🔄 做法

① 砂锅中注入适量清水，用大火烧热。

② 倒入备好的马蹄、红糖，搅拌均匀。

③ 盖上锅盖，烧开后转小火煮约15分钟至食材熟软。

④ 揭盖，搅拌均匀；关火后将煮好的糖水盛出，装入碗中即可。

做 法

❶ 洗净去皮的老姜切片，再切小片，装入碗中，备用。

❷ 砂锅中注入清水，倒入佛手、老姜片，拌匀。

❸ 盖上盖，煮开后转小火煮至药材析出有效成分。

❹ 揭盖，倒入适量红糖，拌匀，煮至溶化。

❺ 关火后盛出煮好的糖水，装入碗中，放凉后即可饮用。

佛手姜糖饮

难易度：★★☆☆☆　　🍚 1人份

烹饪时间 Times 22 分钟

🐄 原 料

佛手10克，老姜20克

🧂 调 料

红糖10克

🍵 烹饪小提示

用刀将老姜拍几下，这样有利于析出其有效成分。佛手药味较重，可适当增加红糖的量，此饮宜趁热饮用。

玉米马蹄露

难易度：★☆☆☆☆　　　　　🔲 1人份

🍴 原 料

鲜玉米90克，马蹄肉80克

🍶 调 料

白糖10克

🕑 做 法

1.把洗净的马蹄拍碎，装入碗中，备用。
2.取榨汁机，选择搅拌刀座组合，杯中倒入马蹄、玉米粒，加入适量清水。3.盖上盖，选择"搅拌"功能，榨成马蹄玉米汁。4.将马蹄玉米汁倒入锅中，用小火煮沸。5.加入适量白糖，搅拌匀，煮约1分钟至白糖完全溶化，装入玻璃杯中即可。

姜糖茶

难易度：★☆☆☆☆　　　　　🔲 1人份

🍴 原 料

生姜45克

🍶 调 料

红糖15克

🕑 做 法

1.洗净去皮的生姜切成薄片，再切成细丝，备用。2.砂锅中注入适量清水烧开，放入切好的姜丝。3.调至大火，煮约1分30秒。4.调至小火，倒入适量红糖。5.用勺搅拌均匀，至糖分完全溶解；关火后盛出煮好的姜茶，待稍微放凉后即可饮用。

① 锅中注入适量清水烧热，倒入备好的薏米，搅拌片刻。

② 盖上盖，用大火煮约30分钟至薏米熟软。

③ 揭盖，倒入切好的山药块，煮10分钟至熟软。

④ 再倒入枸杞、冰糖，搅拌片刻至冰糖溶化。

⑤ 把调好的水淀粉倒入锅中，搅拌至糖水呈稠状，装碗即可。

😊 做法

⏰ 烹饪时间
Times
45分钟

枸杞山药薏米羹

难易度：★☆☆☆☆　　🍽 1人份

🔘 原料

山药50克，枸杞、薏米各适量

🔘 调料

冰糖、水淀粉各少许

🍲 烹饪小提示

山药切好后放在盐水中浸泡一会，可防止山药氧化。最好一次性放足够多的水，万一水少了，一定要加开水。

黄芪茯苓薏米汤

难易度：★☆☆☆☆　🍴1人份

烹饪时间
Times
21分钟

🌀 原 料

黄芪10克，茯苓12克，水发薏米60克

📋 调 料

白糖15克

🍵 烹饪小提示

薏米比较难煮熟，可以先用温水浸泡一晚再煮，这样比较容易熟。

🍲 做 法

❶ 砂锅中注入适量清水，用大火烧开。

❷ 倒入洗净的黄芪、茯苓、薏米，搅拌匀。

❸ 盖上盖，烧开后用小火炖20分钟，至其析出有效成分。

❹ 揭盖，放入备好的白糖，略煮至溶化；关火后盛出即可。

百部杏仁炖木瓜

烹饪时间 Times 23分钟

难易度：★★☆☆☆　　📖 2人份

🍲 原料

木瓜300克，杏仁20克，
百部5克，陈皮3克

🥄 调料

冰糖40克

🍵 烹饪小提示

木瓜可用热水清洗后使用，以免细菌感染，引起腹泻；木
瓜可以晚点再放，以免煮得时间过长，营养素流失。

✅ 做法

❶ 去皮洗净的木瓜切成小
瓣，再切成小块，装入
碗中，备用。

❷ 砂锅中注水烧开，倒入
杏仁、百部、陈皮。

❸ 放入切好的木瓜块，用
勺搅拌均匀。

❹ 盖上盖，烧开后用小火
煮约20分钟至熟软。

❺ 揭盖，加入冰糖，搅
匀，略煮至其融化；关
火后盛出即可。

润肺汤

难易度：★☆☆☆☆　　🍴 1人份

烹饪时间
Times
21分钟

◎ 原 料

雪梨50克，水发银耳30克

◎ 烹饪小提示

雪梨皮薄，也可以不用去皮，润肺效果会更好；银耳煮好后可用小火续煮一会儿，银耳会更软糯。

◎ 调 料

白糖适量

✐ 做 法

❶ 洗净去皮的雪梨去核，切开，切成小块，备用。

❷ 泡发洗好的银耳切去黄色根部，再切成小块，备用。

❸ 锅中注水烧开，倒入切好的银耳、雪梨，小火煮至食材熟软。

❹ 加入适量白糖，搅拌均匀至食材入味，关火后盛出即可。

灵芝鹌鹑蛋糖水

难易度：★☆☆☆☆　　　🍴 1人份

🍲 原 料

鹌鹑蛋80克，灵芝、红枣各少许

🥣 调 料

冰糖20克

✒ 做 法

1.砂锅中注入适量清水烧热。2.倒入备好的灵芝、红枣。3.盖上盖，烧开后用小火煮约30分钟至其析出有效成分。4.揭盖，倒入鹌鹑蛋，加入适量冰糖，用中火煮约5分钟至食材入味。5.揭盖，关火后盛出糖水，装入碗中，待稍微放凉后即可食用。

南瓜花生红枣汤

难易度：★★☆☆☆　　　🍴 2人份

🍲 原 料

南瓜片200克，花生20克，红枣6枚，枸杞10克

🥣 调 料

蜂蜜15克

✒ 做 法

1.砂锅中注入适量清水，倒入花生、红枣。2.盖上盖，大火煮开之后转小火煮约10分钟至食材熟软。3.揭开盖，放入切好的南瓜、枸杞，拌匀。4.盖上盖，转中小火续煮约1分钟至其析出有效成分。5.揭开盖，倒入适量蜂蜜，拌匀；盛出煮好的汤，装入碗中即可。

红豆薏米汤

难易度：★☆☆☆☆　　👤 1人份

🕐 **烹饪时间**
Times
34 分钟

🍶 **原 料**

水发红豆35克，薏米20克，牛奶适量

🥄 **调 料**

冰糖适量

🥢 **烹饪小提示**

红豆和薏米一定要完全泡发开后再煮，这样口感更佳；汤煮好之后可以继续焖煮一会儿，汤汁会更黏稠。

🔪 **做 法**

① 锅中注入适量清水烧开，倒入泡发好的红豆、薏米。

② 用勺搅拌均匀，烧开后用中火煮30分钟至食材软烂。

③ 倒入备好的冰糖，搅拌一会儿。

④ 待冰糖完全溶化，倒入牛奶，搅匀；将煮好的甜汤盛出即可。

烹饪时间
Times
37分钟

木瓜银耳薏米汤

难易度：★★☆☆☆　　🍱 3人份

🍎 原料

木瓜300克，水发银耳90克，水发薏米80克，枸杞15克

🥄 调料

冰糖30克

🍵 烹饪小提示

木瓜本身带有甜味，可以适量少放些冰糖；冰糖的量可根据个人口味和喜好适当增减。

⌚ 做法

❶ 发好的银耳切成小块；去皮的木瓜切块，去籽，切成片。

❷ 砂锅中注水烧开，放入木瓜块，加入洗好的薏米。

❸ 烧开后用小火炖30分钟，至薏米熟软。

❹ 倒入银耳、冰糖，搅拌匀，煮至冰糖溶化。

❺ 倒入洗净的枸杞，搅匀，略煮片刻，盛出煮好的薏米汤即可。

木瓜莲藕栗子甜汤

难易度：★★☆☆☆　　👥 3人份

烹饪时间
Times
31 分钟

○ 原 料

木瓜150克，莲藕100克，板栗100克，葡萄干20克

□ 调 料

冰糖40克

◎ 烹饪小提示

板栗肉表层的薄皮不好剥，可将带硬壳的板栗在开水中浸泡一段时间，再用冷水泡一会儿，就很容易剥除了。

🔪 做 法

1 去皮的莲藕切丁，板栗切小块，去皮的木瓜切丁，备用。

2 砂锅中注水烧开，倒入板栗、莲藕，放入洗好的葡萄干。

3 用小火煮20分钟，至食材熟软，放入备好的木瓜，搅拌匀。

4 倒入冰糖，搅匀；续煮约10分钟至全部食材熟透，盛出即可。

牛奶西米露

难易度：★☆☆☆☆　　👤 1人份

🍵 **原料**

西米80克，牛奶30毫升，
香蕉70克

🍶 **调料**

白糖10克

烹饪时间
⏰ Times
22分钟

🥄 **做法**

❶ 把洗净的香蕉去皮，再切成条形，改切成小丁块，备用。

❷ 砂锅中注水烧开，倒入备好的西米，拌匀。

❸ 盖上盖，用大火煮沸后转小火煮约20分钟。

❹ 揭盖，倒入备好的牛奶、香蕉，拌匀。

❺ 加少许白糖，搅拌均匀，煮至溶化，盛出煮好的甜汤即可。

🍲 **烹饪小提示**

西米宜热水下锅，并不断搅拌，以免粘到一起；西米煮好后，可先关火焖一会儿，这样可保持西米的完整性。

凉薯银耳糖水

难易度：★★☆☆☆　　　🕐 2人份

烹饪时间 Times 25分钟

原 料

凉薯230克，水发银耳100克，红枣25克，枸杞10克

调 料

冰糖30克

做 法

1.洗净去皮的凉薯切厚块，再切条，改切成丁。2.砂锅中注入适量清水烧开，倒入洗净的红枣、枸杞、凉薯、银耳。3.盖上盖，用小火炖约20分钟，至食材熟透。4.放入适量冰糖，用小火续炖4分钟，使冰糖溶化。5.用勺搅拌匀，盛出煮好的糖水，装入汤碗中即可。

甘蔗马蹄陈皮饮

难易度：★★☆☆☆　　　🕐 2人份

原 料

甘蔗100克，马蹄100克，陈皮6克

调 料

冰糖15克

做 法

1.洗净去皮的马蹄对半切开。2.洗好去皮的甘蔗敲破，切成段。3.砂锅中注入适量清水烧开，放入洗净的陈皮、甘蔗段、切好的马蹄。4.盖上盖，烧开后用小火炖约20分钟，至食材熟软。5.揭开盖，放入适量冰糖，煮至溶化；把煮好的糖水盛出，装入汤碗中即可。

烹饪时间 Times 21分钟

烹饪时间
Times
32分钟

香芒火龙果西米露

难易度：★★☆☆☆　　3人份

原料

火龙果130克，芒果110克，西米80克，酸奶65克，炼乳20克

调料

白糖10克

烹饪小提示

西米煮好后会膨胀，所以水不要加少了，以免煳锅；处理芒果时，要小心，以防汁水溅到皮肤上引起过敏。

做法

1 火龙果肉切丁，洗好的芒果肉切成丁，备用。

2 砂锅中注水烧热，倒入西米，搅拌片刻。

3 烧开后用小火煮30分钟，倒入芒果、火龙果。

4 加入适量白糖，搅拌片刻，倒入酸奶、炼乳。

5 搅拌匀，用大火煮化；盛出煮好的西米露，装入碗中即可。

番石榴银耳枸杞糖水

难易度：★★☆☆☆　　🍱2人份

☕烹饪时间 Times 17分钟

🍵 原 料

番石榴120克，水发银耳100克，枸杞15克

🥢 调 料

冰糖40克

◎ 烹饪小提示

枸杞不宜煮太久，否则会影响成品外观；煮熟的银耳最好当天吃完，不宜喝隔夜的银耳汤。

🥄 做 法

❶ 银耳切成小块，洗净的番石榴对半切开，改切成小块。

❷ 砂锅中注水烧开，放入切好的番石榴、银耳，搅拌匀。

❸ 盖上盖，用小火煮约15分钟，至全部食材熟软。

❹ 揭盖，放入冰糖、枸杞，煮至冰糖溶化；将糖水盛出即可。

紫薯银耳羹

难易度：★★☆☆☆　　👥 2人份

🕐 烹饪时间
Times
32分钟

🔵 原 料

紫薯55克，红薯45克，
水发银耳120克

💬 烹饪小提示

可加入少许水淀粉勾芡，这样羹汁的口感更佳；紫薯和红薯有甜味，在煲制时可根据个人口味选择是否加糖。

✒ 做 法

❶ 去皮的紫薯切丁，去皮的红薯切丁，银耳撕成小朵。

❷ 砂锅中注水烧热，倒入红薯丁、紫薯丁，拌匀。

❸ 盖上盖，烧开后用小火煮20分钟，至食材变软。

❹ 揭盖，加入银耳，小火续煮10分钟至食材熟透。

❺ 搅拌几下，盛出煮好的银耳羹，待稍微冷却后即可食用。

桂圆红枣银耳炖鸡蛋

难易度：★★☆☆☆　　🍴1人份

🕐 **烹饪时间**
Times
22 分钟

🔄 原料

水发银耳50克，桂圆肉20克，红枣30克，熟鸡蛋1个

🍶 调料

冰糖适量

🌀 烹饪小提示

容器中加水没过银耳，放入微波炉加热两分钟，可快速泡发银耳；红枣在煮之前切开，这样汤的味道会更浓郁。

✍ 做 法

① 锅中注入适量清水，用大火烧开。

② 放入熟鸡蛋，再加入洗好的银耳、桂圆肉、红枣。

③ 搅拌片刻，盖上锅盖，烧开后用大火煮20分钟至食材熟透。

④ 揭盖，加入冰糖，搅拌至溶化，将煮好的甜汤盛出即可。

金瓜炖素燕窝

难易度：★☆☆☆☆　　2人份

烹饪时间 Times 27分钟

原料

南瓜200克，冬瓜185克，蜂蜜适量

调料

水淀粉适量

做法

1.去皮的南瓜切小块，去皮的冬瓜切粗丝，备用。2.砂锅中注水烧开，倒入南瓜块，拌匀，烧开后转小火煮约20分钟，至其熟软。3.淋入适量水淀粉，拌匀，煮至汤汁浓稠。4.放入冬瓜，拌匀，用中火煮约5分钟，至食材熟透。5.加入适量蜂蜜，搅拌匀，用小火略煮片刻，盛出装入碗中即可。

木瓜莲子炖银耳

难易度：★☆☆☆☆　　3人份

原料

泡发银耳100克，莲子100克，木瓜200克

调料

冰糖20克

做法

1.砂锅中注入适量清水，倒入泡发好的银耳、洗好的莲子，拌匀。2.盖上盖，大火煮开后转小火煮90分钟至食材熟软。3.揭开盖，放入切好的木瓜，加入适量冰糖，拌匀。4.盖上盖，小火续煮20分钟至析出有效成分。5.揭开盖，搅拌一下，盛出炖好的汤料即可。

烹饪时间 Times 113分钟

鸡蛋糖水

难易度：★☆☆☆☆　　🍴1人份

🔵 原 料

鸡蛋1个，姜末15克

🔵 调 料

白糖适量

烹饪时间
Times
5分钟

💬 烹饪小提示

要等锅中的汤沸腾后，再下入蛋液，用勺子推动几下，蛋花成形后马上关火，动作一定要快，这样可以煮出好看的蛋花。

🍴 做 法

❶ 鸡蛋打入碗中，用筷子打散搅匀，制成蛋液，备用。

❷ 砂锅中倒入适量清水烧开，撒上少许姜末，搅散。

❸ 中火煮4分钟至其营养析出；放入白糖，搅拌匀，煮至溶化。

❹ 捞出姜末，倒入蛋液，快速搅拌至蛋花成形，盛出即可。

木瓜银耳炖鹌鹑蛋

难易度：★★☆☆☆　　🍚 3人份

🥗 原 料

木瓜200克，水发银耳100克，鹌鹑蛋90克，红枣20克，枸杞10克

🍶 调 料

白糖40克

📋 烹饪小提示

煮熟的鹌鹑蛋泡入冷水中至其冷却，捏破全部蛋壳，从蛋的小头处连同内膜撕开，然后往下撕开，可将蛋完整的取出。

🔪 做 法

❶ 去皮的木瓜切成条，再切小块，洗好的银耳切小块。

❷ 砂锅中注水烧开，放入红枣、木瓜、银耳，用小火炖至食材熟软。

❸ 放入鹌鹑蛋，加入适量冰糖，煮约5分钟，至冰糖溶化。

❹ 加入洗净的枸杞，略煮片刻，搅至入味，盛出装碗。

⊘ 做法

① 洗好去皮的红薯对半切开，再改切成小块，装入碗中，备用。

② 砂锅中注入清水烧开，放入备好的板栗肉、红薯块。

③ 盖上盖，用小火煮约30分钟至食材熟透。

④ 揭盖，撒上少许桂花，放入冰糖，拌匀。

⑤ 续煮5分钟，至食材入味；搅匀，盛出即可。

烹饪时间
Times
45 分钟

桂花红薯板栗甜汤

难易度：★★☆☆☆　　　👤 2人份

⊙ 原 料

红薯100克，板栗肉120克，桂花少许

⊙ 调 料

冰糖适量

⊙ 烹饪小提示

生栗子洗净后放入器皿中，加精盐少许，用滚沸的开水浸没；5分钟后，取出栗子切开，栗皮即随壳一起脱落。

烹饪时间
Times
11分钟

木瓜雪梨菊花饮

难易度：★☆☆☆☆　　🍴1人份

🥬 原 料

木瓜肉130克，雪梨75克，
菊花茶适量

🥄 调 料

白糖适量

🍲 烹饪小提示

制作菊花饮时，先将菊花用开水泡开去除杂质，再用开水
泡约5分钟，这样菊花的香味更浓。

🧭 做法

❶ 将备好的木瓜肉切成小块，装入碗中，待用。

❷ 雪梨取果肉，切成小块，装入碗中，备用。

❸ 锅中水烧开，倒入切好的水果，小火煮至熟透。

❹ 倒入菊花茶，撒上白糖，拌匀，盖上盖。

❺ 续煮至白糖溶化，揭盖，关火后盛出煮好的菊花饮即可。

桂圆红枣木瓜盅

难易度：★★★☆☆　　🍴 4人份

🕐 **烹饪时间**
Times
18分钟

🌐 原 料

木瓜500克，莲子30克，桂圆肉25克，
水发银耳40克，枸杞、红枣各少许

🍶 调 料

蜂蜜10克，食粉少许

🍽 烹饪小提示

熟一点的木瓜用小火煮，味道会更绵软；干
银耳用温水泡发后，其未发开的部分和黄
色根部应去除，以免影响口感。

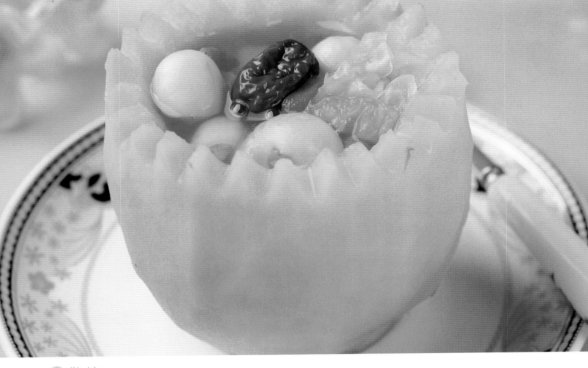

✂ 做 法

❶
木瓜切去尾部，取一半，
边缘雕成锯齿状，去
表皮和果肉，制成盅。

❷
开水锅中放入食粉，倒
入银耳、莲子，煮约1
分钟，捞出，沥干。

❸
将红枣、枸杞、桂圆肉、银
耳、莲子放入开水锅中，
拌匀，用中火煮5分钟。

❹
加入蜂蜜，略煮，盛出
装入盅内；将木瓜盅
蒸至熟透，取出即可。

银耳木瓜汤

难易度：★★☆☆☆　　🍴1人份

烹饪时间
Times
20分钟

🥢 原料

木瓜70克，水发银耳40克，水发红豆适量

🧂 调料

白糖适量

🍲 烹饪小提示

由于木瓜本身带有甜味，因此可根据自己的口味调节冰糖的用量。银耳做好之后要吃完，如果过夜，会有毒素产生。

🔪 做法

❶ 洗净去皮的木瓜切成小块，装入碗中，备用。

❷ 银耳切去黄色的根部，再切成小块。

❸ 锅中水烧开，放红豆、木瓜，转小火煮至熟软。

❹ 倒入银耳，搅拌片刻，煮5分钟至熟透。

❺ 加入白糖，搅匀，将煮好的甜汤盛出，装入碗中，放凉后即可食用。

柠檬薏米水

难易度：★☆☆☆☆　　🍚 1人份

烹饪时间
Times
47 分钟

🍲 原料

水发薏米100克，柠檬片3片

🍽 烹饪小提示

柠檬比较酸，添加的时需注意用量；此外，柠檬片切薄一些，这样有利于营养成分的析出，且味道也会更好。

🔪 做法

① 砂锅中注入适量清水，大火烧开。

② 再倒入洗净的薏米，搅拌匀。

③ 烧开后用小火煮约45分钟，至米粒变软。

④ 搅拌几下，盛出装入杯中，再放入柠檬片，浸泡一会儿即成。

紫薯米豆浆

难易度：★★☆☆☆　　👥 2人份

🔵 原料

水发大米35克，紫薯40克，
水发黄豆45克

烹饪时间
⏱ Times
21分钟

🔵 烹饪小提示

过滤豆浆时可用汤匙轻轻搅拌，这样更易过滤；如果喜欢
口感浓稠一点，可以带渣一起食用，也别有一番风味。

✏️ 做法

❶ 洗净去皮的紫薯切滚刀块，备用；大米、黄豆用清水洗净，备用。

❷ 将以上食材倒入豆浆机中，注清水至水位线。

❸ 选择"五谷"程序，按"开始"键开始打浆。

❹ 待豆浆机运转约20分钟，即成豆浆。

❺ 把煮好的豆浆倒入滤网，滤取豆浆；倒入碗中，撇去浮沫即可。

樱桃鲜奶

难易度：★☆☆☆☆　　🍴2人份

烹饪时间
Times
1分钟

🥄 **原 料**

櫻桃90克

🍶 **调 料**

脱脂牛奶250毫升

🍵 **烹饪小提示**

向锅里倒牛奶时速度要慢，不要沿着锅边；煮牛奶时先用小火，待锅热后改用旺火，奶沸腾时再搅动，不易糊锅。

🍳 **做 法**

❶ 洗净的櫻桃去蒂，再切成粒，备用。

❷ 砂锅中注入清水烧开，倒入备好的牛奶。

❸ 用勺轻轻搅拌匀，煮至沸。

❹ 倒入櫻桃，拌匀，略煮片刻；盛出即可。

花生健齿汤

难易度：★★☆☆☆　　🍴 2人份

烹饪时间 Times 53分钟

🥗 **原料**

莲子50克，红枣5颗，花生100克

🍯 **调料**

白糖15克

🥄 **做法**

1.砂锅中注入适量清水烧开，加入花生、泡好的莲子，拌匀。2.盖上盖，用大火煮开后转小火续煮约30分钟至食材熟软。3.揭开盖，加入洗净的红枣，续煮约20分钟至食材析出有效成分。4.揭开盖，加入适量白糖，搅拌至其溶化。5.关火后盛出煮好的汤，装碗即可。

芝麻花生汤圆

难易度：★★★☆☆　　🍴 6人份

🥗 **原料**

糯米粉600克，澄面、花生米200克，白芝麻80克，红枣15克，姜片少许

🍯 **调料**

白糖15克，猪油150克，醪糟汁100克，

🥄 **做法**

1.将花生米和白芝麻炒熟放凉后，剥去花生外衣，用榨汁机将两者磨成粉，装碗。

2.加入白糖、猪油，制成馅料。3.将澄面揉成澄面团，放入揉好的糯米粉中，制成糯米团，冷冻30分钟后取出，加馅料制成数个汤圆生坯。4.开水锅中放入红枣、醪糟汁、姜片。5.放入白糖，煮至溶化，放入汤圆生坯，搅匀，煮熟后盛出即可。

烹饪时间 Times 42分钟

做法

1. 锅中注水烧开，将切好的雪梨和洗好的薏米倒入锅中。

2. 搅匀，盖上锅盖，烧开后转中火煮20分钟至熟。

3. 揭开锅盖，倒入红腰豆，搅拌片刻。

4. 再盖上锅盖，续煮5分钟至入味。

5. 揭盖，倒入冰糖，搅拌至冰糖溶化后盛出，装入碗中即可。

烹饪时间
Times
23分钟

红腰豆薏米雪梨汤

难易度：★☆☆☆☆　　🥢1人份

原料

水发红腰豆30克，水发薏米30克，雪梨40克

调料

冰糖适量

烹饪小提示

薏米在煮之前用水泡发，这样会更好煮熟；煮的时候最好把浸薏米的水一起煮，这样能避免薏米的营养流失。

花生银耳牛奶

难易度：★☆☆☆☆　　🍴 2人份

原料

花生80克，水发银耳150克

调料

牛奶100毫升

烹饪时间
Times
21分钟

烹饪小提示

花生提前泡一个晚上，或在煮的时候放一点碱在开水中，更容易煮熟；花生去掉红衣，口感会更佳。

做法

❶ 洗好的银耳切小块，装入碗中，备用。

❷ 砂锅中注清水烧开；放入花生米，加入银耳，搅拌匀。

❸ 盖上盖，烧开后用小火煮20分钟；揭盖，倒入备好的牛奶。

❹ 用勺拌匀，煮至沸，关火后将煮好的花生银耳牛奶盛出即可。

做法

1 锅中倒入黑芝麻，翻炒至熟，装盘备用。

2 取榨汁机，将黑芝麻、糯米、粳米倒入搅拌杯中。

3 选择"干磨"功能，把食材磨成粉，装入碗中。

4 锅中注水烧开，倒入冰糖，搅匀，煮至溶化。

5 倒入碗中的食材，搅拌匀，盛出即可。

烹饪时间
Times
5分钟

冰糖芝麻糊

难易度：★☆☆☆☆　　1人份

原 料

黑芝麻30克，糯米、粳米各50克

调 料

冰糖20克

烹饪小提示

黑芝麻最好炒得脆一些，这样更容易磨成粉。使用熟芝麻打浆味道更香，加入适量冰糖口感会更好。

莲子奶糊

难易度：★★☆☆☆　　　2人份

烹饪时间
Times
25 分钟

原料

水发莲子10克，牛奶400毫升

调料

白糖3克

烹饪小提示

莲子中的莲子心有清心、去热的功效，对人体健康有益，如若能接受它的苦味，可以不将其去掉。

做法

❶ 取豆浆机，倒入备好的莲子、牛奶，加入适量白糖。

❷ 按"选择"键，选择"米糊"选项，再按"启动"键开始运转。

❸ 待豆浆机运转约20分钟，即成米糊。

❹ 将煮好的米糊倒入碗中；待凉后即可食用。

✍ 做法

❶ 锅中注入适量清水，用大火烧开。

❷ 将花生、莲子、红枣，倒入锅中，搅拌均匀。

❸ 盖上盖子，用小火煮20分钟至食材熟透。

❹ 揭开盖子，加入适量枸杞，再放入少许白糖。

❺ 搅拌片刻，至白糖完全溶化；将煮好的甜汤盛出，装入碗中即可。

烹饪时间
Times
22分钟

莲子枸杞花生红枣汤

难易度：★★☆☆☆　　　🧑 1人份

🍵 原 料

水发花生40克，水发莲子20克，红枣30克，枸杞少许

🥄 调 料

白糖适量

🍲 烹饪小提示

莲子先泡一下，才容易煮烂；枸杞不要太早倒入，以免煮太烂。水要足量添加，等到煮干了再加水，口感会打折。

银耳莲子冰糖饮

难易度：★☆☆☆☆　　3人份

烹饪时间
Times
32 分钟

原 料

水发银耳150克，水发莲子120克

调 料

冰糖少许

烹饪小提示

银耳一定要泡发好，洗干净，去掉根部；莲子可以先用温水泡4小时，这样更易煮熟。冰糖可依据个人喜好，适量添加。

做 法

❶ 洗好的银耳切碎，剁成小朵，备用。

❷ 砂锅中注水烧热，倒入银耳、莲子；烧开后用小火煮20分钟至熟软。

❸ 倒入冰糖，搅拌均匀，用中火续煮约10分钟至食材熟透。

❹ 持续搅拌片刻，使汤水味道均匀；关火后盛出即可。

做法

❶ 炒锅烧热，倒入洗净的核桃仁，用中小火炒出香味，装盘。

❷ 砂锅中注水烧开，放入洗净的黑豆。

❸ 倒入备好的甜酒，再撒上炒好的核桃仁。

❹ 盖上盖，烧开后用小火煮约30分钟，至食材熟透。

❺ 揭盖，搅拌匀，转中火略煮片刻；盛出，装碗，冷却后即可食用。

烹饪时间
Times
32分钟

核桃黑豆煮甜酒

难易度：★★☆☆☆　　🍚 3人份

原料

水发黑豆120克，核桃仁30克

调料

甜酒300克

烹饪小提示

黑豆最好提前一个晚上浸泡，这样对豆浆机的寿命更有帮助，且黑豆用温水泡软后再煮，这样能缩短煮制时间。

花生黄豆红枣羹

难易度：★★☆☆☆　　🍴 2人份

烹饪时间 Times 45分钟

🥘 原料

水发黄豆250克，水发花生100克，去核红枣20克，清水适量

🍶 调料

冰糖20克

📝 做法

1. 将已浸泡8小时的黄豆用清水洗净，装入碗中，备用。2. 砂锅中注入适量清水烧热，倒入泡好的黄豆，放入泡好的花生，倒入红枣。

3. 加盖，用大火煮开后转小火续煮约40分钟至全部食材熟软。4. 揭盖，倒入适量冰糖，搅拌至溶化。5. 关火后，盛出煮好的甜汤即可。

樱桃雪梨汤

难易度：★☆☆☆☆　　🍴 1人份

🥘 原料

雪梨40克，樱桃30克

🍶 调料

冰糖适量

📝 做法

1. 锅中注入适量清水烧开。2. 将切好的雪梨和洗净的樱桃倒入锅中，搅拌均匀。3. 盖上锅盖，烧开后转小火煮约20分钟至食材熟软。4. 揭开盖，倒入备好的冰糖，搅拌片刻至冰糖溶化，使食材入味。5. 将煮好的汤水盛出，装入碗中，待稍微放凉后即可饮用。

烹饪时间 Times 22分钟

桂圆菊花茶

难易度：★☆☆☆☆　　🍴 1人份

烹饪时间
Times
21 分钟

🍵 原 料

桂圆肉20克，菊花5克

🍵 烹饪小提示

菊花味苦，可以加入适量白糖调味。每天喝一杯桂圆菊花茶，具有滋补强体、安心养神、益脾开胃之功效。

🍳 做法

❶ 砂锅中注入适量清水，用大火烧开。

❷ 放入备好的桂圆肉、菊花，搅拌均匀。

❸ 盖上盖，用小火煮约20分钟至食材熟透。

❹ 揭开盖，搅匀；关火后盛出煮好的汤料，装入碗中即可。

菊花苹果甜汤

难易度：★★☆☆☆　　🍴2人份

原料

苹果140克，水发菊花45克，
蜜枣40克，无花果少许

调料

冰糖20克

烹饪小提示

蜜枣本身很甜，加入的冰糖不宜太多，以免口感腻人。做
好的苹果甜汤凉食、热食均可。

做法

① 将去皮洗净的苹果切
开，取出果核，再切成
小丁块。

② 锅中注水烧热，倒入洗
净的无花果。

③ 撒上备好的蜜枣、苹果
丁，倒入备好的菊花。

④ 烧开后小火煮20分钟，
至药材析出有效成分。

⑤ 撒上适量冰糖，拌匀，
用中火略煮，至糖分溶
化，装碗即可。

菊花水果茶

难易度：★☆☆☆☆　　👥 1人份

🥢 原 料

苹果100克，红枣20克，菊花少许

🥄 调 料

冰糖适量

🔄 烹饪小提示

苹果煮的时间不用很长，以免破坏其维生素。煮红枣和菊花的时间可以稍微长一些，这样茶水的气味更香浓。

🥢 做 法

❶ 菊花洗净，沥干；红枣取果肉切小块，苹果取果肉，切小块。

❷ 锅中注水，倒入红枣、菊花；烧开后小火煮至食材析出营养成分。

❸ 倒入切好的苹果，搅匀，用小火续煮约10分钟，至苹果熟软。

❹ 撒上适量冰糖，拌匀，转中火煮至溶化，盛出即可。

薏米红枣菊花粥

难易度：★★★☆☆　　🍴 2人份

烹饪时间
Times
42 分钟

○ 原 料

水发大米100克，水发薏米80克，红枣
30克，枸杞10克，菊花7克

○ 调 料

冰糖40克

○ 烹饪小提示

薏米最好提前浸泡8小时以上，这样更
易煮。菊花可以用隔渣袋包好后再使
用，这样能减少粥中的杂质。

做 法

❶ 砂锅中注入适量清水烧开，放入洗净的菊花，搅拌匀。

❷ 烧开后用小火煮约10分钟，至食材散出香味，捞出。

❸ 倒入大米、薏米、红枣、枸杞，煮沸后用小火煮至米粒熟软。

❹ 加入冰糖，搅拌匀；用大火续煮至糖分溶化，盛出，装碗即可。

黑枣苹果汤

难易度：★☆☆☆☆　　🍴1人份

🍲 原 料

黑枣15克，苹果100克

🥄 调 料

白糖5克

🔪 做 法

1.洗好的苹果切开，去籽，去皮，切成小块。
2.砂锅中注入适量清水烧开，倒入洗好的黑枣、切好的苹果。3.加盖，用大火煮约20分钟至全部食材熟透。4.揭盖，加入适量白糖，搅拌至白糖完全溶化。5.关火后，盛出煮好的甜汤，装在碗中，待稍微放凉后即可饮用。

豆浆汤圆

难易度：★★☆☆☆　　🍴2人份

🍲 原 料

小汤圆160克，花生米30克，葡萄干20克

🥄 调 料

豆浆120毫升

🔪 做 法

1.锅置火上，倒入备好的豆浆，用大火煮至沸。2.放入花生米，倒入备好的小汤圆。3.轻轻搅拌匀，用中火煮约5分钟，至汤圆熟软。4.放入备好的葡萄干，拌匀，转大火略煮一会儿，至其变软。5.关火后盛出煮好的汤圆，装入碗中即成。

烹饪时间
Times
11分钟

苹果雪梨银耳甜汤

难易度：★★☆☆☆　　🥢 2人份

🥣 原 料

苹果110克，雪梨70克，水发银耳65克

🧂 调 料

冰糖20克

1 苹果肉切成小块，去皮的雪梨切成小块，装入碗中，备用。

2 银耳去除根部，再切成小朵，备用。

3 砂锅中注水烧开，倒入银耳、雪梨、苹果，拌匀。

4 盖上盖，烧开后用小火煮约10分钟。

5 揭盖，倒入冰糖，拌匀，煮至溶化；关火后盛出煮好的甜汤即可。

🍴 烹饪小提示

选购银耳时，最好选本色的，且以颜色淡黄、根部颜色略深者为佳。切好的苹果应立即使用，以免氧化变黑。

雪梨苹果山楂汤

难易度：★★☆☆☆　　👥 2人份

烹饪时间
Times
1分30秒

◎ **原 料**

苹果100克，雪梨90克，山楂80克

◎ **调 料**

冰糖40克

◎ **烹饪小提示**

山楂的头尾杂质较多，要彻底去除干净，以免影响汤汁的口感。此汤具有滋润、清热、降火的功效，四季皆宜。

🍴 **做 法**

❶ 雪梨肉切成块，苹果肉切块，山楂去除头尾和核，切小块。

❷ 砂锅中注入适量清水烧开，倒入切好的食材，搅拌匀。

❸ 用大火煮沸，转小火煮约3分钟，至全部食材熟软。

❹ 倒入冰糖，搅拌匀，用中火续煮至糖分溶化；盛出即可。

1 洗净的雪梨切开，取一半，切小块，去核，再切成小块。

2 取一大碗，倒入雪梨块、枸杞、川贝母。

3 放入冰糖、燕窝，注入少许清水，待用。

4 蒸锅上火烧开，放入蒸碗，中火蒸约20分钟至熟透。

5 揭开盖，取出蒸碗，趁热食用即可。

燕窝贝母梨

难易度：★★☆☆☆　　2人份

烹饪时间 Times 20分钟

原料

雪梨300克，水发燕窝30克，川贝母、枸杞、各适量

调料

冰糖少许

烹饪小提示

加少许冰糖，可增加成品的甜爽口味，量可依据个人口味进行适当调整。如果将燕窝用冰糖先煨一下口感会更好。

Part 3

夏季喝甜汤，
消暑生津

　　"我是奔跑的五花肉，我为自己带盐，偶尔还带点孜然。"骄阳似火的夏天，总能激起不少这样的调侃。除此之外，让人无奈的还有吃什么都索然无味，缺乏食欲。酷热的夏日，什么东西既能消暑，又能增进食欲呢？你可能很多次选择过绿豆沙、双拼奶这样的解暑甜汤。夏季消暑生津，喝哪些甜汤更合适？接下来就为您一一介绍。

冬瓜银耳莲子汤

烹饪时间 Times 40 分钟

难易度：★★☆☆☆　　🍚 3人份

🥢 原 料

冬瓜300克，水发银耳100
克，水发莲子90克

🧂 调 料

冰糖30克

🍵 烹饪小提示

冰糖要最后放，否则煮久了汤会变黄，影响成品外观；煮
好的甜汤放入冰箱冷冻一会儿再食用，会更清凉消暑。

🥄 做 法

❶ 清洗干净的冬瓜去皮，
切成丁，银耳切小块，
备用。

❷ 砂锅中注水烧开，倒入
洗净的莲子、银耳。

❸ 用小火煮20分钟，至食
材熟软。

❹ 倒入冬瓜丁，小火再煮
15分钟，至冬瓜熟软。

❺ 放入冰糖，搅拌匀，用
小火续煮5分钟，至冰
糖溶化，装碗即可。

菠萝莲子羹

难易度：★☆☆☆☆　　👥 2人份

🔺 **原 料**

水发莲子150克，菠萝55克，太子参少许

🥄 **调 料**

水淀粉适量

烹饪时间 Times 27分钟

📖 **烹饪小提示**

菠萝皮中含有刺激成分，食用前应将果皮仔细修理干净，以减少涩味。还可将莲子去除莲子心，以降低苦味。

✍ **做 法**

❶ 清洗干净的菠萝肉切片，再切条，改切成丁块。

❷ 砂锅注水烧热，倒入太子参、莲子，烧开后中火煮约20分钟。

❸ 倒入冰糖，中火续煮约5分钟，至其溶化；倒入菠萝，拌匀。

❹ 转中火，倒入水淀粉勾芡，至汤汁浓稠，盛出，装碗即可。

猕猴桃银耳羹

难易度：★★☆☆☆　　🍴 1人份

烹饪时间 Times 12分钟

🥝 原 料

猕猴桃70克，水发银耳100克

🫙 调 料

冰糖20克，食粉适量

🍴 做 法

1.泡发好的银耳切去黄色根部，再切小块，猕猴桃切片，备用。2.开水锅中，加入少许食粉，倒入切好的银耳，拌匀；煮至沸腾，捞出，沥干水分，备用。3.砂锅中注入适量清水烧开，放入焯过水的银耳。4.用小火煮10分钟；放入切好的猕猴桃，拌匀。5.加入适量冰糖，煮至溶化。6.盛出，装碗即可。

莲子百合绿豆甜汤

难易度：★★☆☆☆　　🍴 2人份

🥝 原 料

水发百合60克，水发莲子80克，枸杞15克，水发绿豆120克

🫙 调 料

冰糖25克

🍴 做 法

1.砂锅中倒入适量清水烧开，放入清洗干净的绿豆、莲子，搅拌匀。2.盖上盖，用小火煮30分钟，至食材熟软。

3.放洗净的百合、枸杞，搅拌匀，用小火煮15分钟，至全部食材熟透。4.揭开盖子，放入适量冰糖，搅至冰糖溶化。

5.关火后将煮好的甜汤盛出，装入碗中即可。

烹饪时间 Times 47分钟

做法

❶ 备好的砂锅中注入适量
清水烧热。

❷ 倒入绿豆、鱼腥草干；
用小火煮至绿豆熟软。

❸ 拣出鱼腥草，再倒入洗
净的海带丝。

❹ 盖好盖，用小火煮约15
分钟，至食材熟透。

❺ 揭盖，撒上适量白糖，
拌匀，用中火煮至糖分
溶化，装碗即可。

烹饪时间
Times
47分钟

绿豆鱼腥草汤

难易度：★★☆☆☆　　　2人份

⊙原料

水发绿豆120克，鱼腥草干
少许，水发海带丝150克

⊙调料

白糖4克

⊙ 烹饪小提示

海带用水泡时，可以加食用碱浸泡，更容易煮烂；捞出鱼
腥草后可用勺将绿豆碾碎，这样汤汁的口感更细腻。

百合莲子二豆饮

难易度：★★☆☆☆　　👤 1人份

烹饪时间
⏲ Times
18分钟

🍴 原 料

水发绿豆50克，水发红豆40克，百合、莲子各适量

🍵 烹饪小提示

将百合表层的薄膜撕去，洗净后在沸水中浸泡一下，可除去苦涩味；还可依个人口味添加适量的白糖、蜂蜜。

🥄 做 法

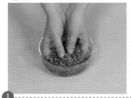

1 把已浸泡6小时的绿豆、红豆用清水搓洗干净，沥干。

2 绿豆、红豆、百合、莲子放入豆浆机中，注水至水位线即可。

3 选择"五谷"程序，开始打浆，待豆浆机运转约17分钟，即成豆浆。

4 煮好的豆浆倒入滤网过滤，再倒入碗中，待稍凉后即可饮用。

✏️ 做 法

❶ 清洗干净的银耳切成小块，备用。

❷ 桑葚干倒入烧开的锅中，小火煮15分钟，捞出。

❸ 倒入莲子、银耳，用小火煮至食材熟透。

❹ 倒入适量备好的冰糖，搅拌均匀。

❺ 用小火煮至冰糖溶化，盛出煮好的甜汤，装入干净的碗中。

烹饪时间
Times
40分钟

桑葚莲子银耳汤

难易度：★★☆☆☆　　🍴 2人份

◉ 原 料

桑葚干5克，水发莲子70克，水发银耳120克

◉ 调 料

冰糖30克

◎ 烹饪小提示

煲煮银耳时，将银耳的根部剪掉，更容易煮烂；莲子不易煮熟，可提前用水泡发，以节省烹饪时间。

甘蔗雪梨牛奶

难易度：★★☆☆☆　　3人份

烹饪时间
Times
26分钟

原 料

雪梨110克，甘蔗100克，

调 料

冰糖40克，牛奶150毫升

烹饪小提示

雪梨皮较薄，煮汤可以不用去掉；煮牛奶的时间不要太长，而且煮的时候要不时搅拌，以免粘锅。

做 法

① 去皮的甘蔗切成段，雪梨切开，去核，改切成小块。

② 砂锅中注水烧开，倒入甘蔗、雪梨；烧开后用小火炖20分钟。

③ 放入冰糖，搅拌匀，用小火再炖5分钟，至食材熟透、入味。

④ 倒入备好的牛奶，搅拌均匀，煮至沸，装入备好的碗中。

⚒ 做 法

❶ 洗净的海带切成条，再切成小块。

❷ 开水锅中倒入绿豆，烧开后用小火煮至绿豆熟软。

❸ 往砂锅中倒入洗净切好的海带。

❹ 加入冰糖，搅匀，用小火续煮至全部食材熟透。

❺ 搅拌片刻，盛出煮好的汤料，装入碗中即可。

烹饪时间
Times
41分钟

海带绿豆汤

难易度：★☆☆☆☆　　👥 2人份

❤ 原 料

海带70克，水发绿豆80克

🍶 调 料

冰糖50克

💭 烹饪小提示

绿豆可提前用冷水浸泡，但浸泡的时间不宜过长，浸泡后再煮的绿豆不仅口感会更好，而且可节省煮制的时间。

蓝莓牛奶西米露

难易度：★★☆☆☆　　2人份

◎ 原 料

西米70克，蓝莓50克，牛奶90毫升

◎ 调 料

白糖6克

烹饪时间
Times
16分钟

◎ 烹饪小提示

蓝莓可用果蔬清洗剂清洗几次，这样更有利于身体健康；西米煮好后，可捞出过一遍凉水，能保持其完整性。

◎ 做 法

① 砂锅中注入清水烧开，倒入备好的西米，搅拌匀。

② 盖上盖，煮沸后用小火煮约15分钟，至米粒变软。

③ 揭盖，倒入牛奶，搅拌一会儿；加白糖，搅匀，续煮至糖分溶化。

④ 盛出煮好的西米露，装入备好的碗中，撒上蓝莓即成。

做法

❶ 把藕粉装入碗中，加入少许清水，搅拌均匀，待用。

❷ 去皮的苹果切小块，哈密瓜去皮，再切小块。

❸ 砂锅注水烧热，倒入哈密瓜、苹果、葡萄干、糖桂花。

❹ 烧开后用小火煮约10分钟，倒入藕粉，搅匀。

❺ 加入少许白糖，搅拌均匀，煮至白糖完全溶化，装入碗中。

烹饪时间
Times
13分钟

水果藕粉羹

难易度：★★☆☆☆　　🍴 2人份

原料

哈密瓜150克，苹果60克，葡萄干20克，糖桂花30克，藕粉45克

调料

白糖适量

🍵 烹饪小提示

苹果切好后，如不立即使用，可将其泡入淡盐水中，可防止其氧化；水果含糖量较高，白糖使用量可适当减少。

菱角薏米汤

难易度：★☆☆☆☆　　👥 2人份

烹饪时间
Times
40分钟

🔻 原 料

水发薏米130克，菱角肉100克

🍶 调 料

白糖3克

🍴 做 法

1.砂锅中注入适量清水烧热，倒入清洗干净的薏米。2.盖上盖，大火烧开后改小火煮约35分钟，至米粒全部变软。3.揭开盖，搅拌几下，再倒入洗净的菱角肉。4.转中火，加入少许白糖，搅拌均匀，煮约3分钟，至糖分完全溶化。5.关火后盛出煮好的薏米汤，装在备好的碗中即可。

木瓜牛奶汤

难易度：★☆☆☆☆　　👥 1人份

🔻 原 料

木瓜80克，牛奶70毫升

🍶 调 料

白糖适量

🍴 做 法

1.清洗干净且去皮的木瓜对半切开，先切大块，再切成小片。2.锅中注入适量的清水烧开，倒入切好的木瓜，搅拌片刻煮至微软。3.把备好的牛奶分次慢慢地倒入，搅至混匀。4.倒入适量的白糖，搅拌片刻。5.持续搅动一会儿，使白糖完全溶化；将煮好的汤盛出，装入备好的碗中即可。

烹饪时间
Times
10分钟

做 法

❶ 锅中注入适量清水烧热，倒入莲子和薏米，搅散，煮至食材熟透。

❷ 将洗净的马蹄去皮切成小块。

❸ 揭开锅盖，倒入切好的马蹄，搅拌片刻。

❹ 加入冰糖，搅至完全溶化；倒入水淀粉。

❺ 搅至材料均匀；将煮好的甜汤盛出，装入碗中，放凉即可饮用。

烹饪时间
Times
40 分钟

莲子马蹄羹

难易度：★★☆☆☆　　🥢 1人份

🥣 原 料

水发莲子30克，马蹄50克，薏米少许

🍶 调 料

冰糖、水淀粉各适量

○ 烹饪小提示

莲子可以先用温水泡几小时，这样煮出来的口感会更好；将煲制好的莲子马蹄羹放入冰箱冰镇后再食用，口感更佳。

红薯姜糖水

难易度：★☆☆☆☆　　2人份

原料

红薯200克，姜片10克

调料

红糖25克

烹饪时间
Times
22分钟

烹饪小提示

红薯先放入淡盐水中浸泡一会，能减轻食用后打嗝的症状；红糖的补血作用较强，若女性饮用，宜多放一些。

做法

① 将去皮且清洗干净的红薯切滚刀块。

② 砂锅置旺火上，再注入适量清水烧开。

③ 倒入红薯块，撒上姜片；烧开后用小火煮至食材熟透。

④ 放入红糖，拌匀，煮至完全溶化；盛出甜汤，装碗即可。

做 法

❶ 洗净的猕猴桃去皮，切开，去除硬芯，再切成小块，备用。

❷ 砂锅中注水烧开，倒入淮山、西米，拌匀。

❸ 盖上盖，用小火煮约15分钟至其熟透。

❹ 揭盖，倒入枸杞，搅匀，放入猕猴桃，略煮。

❺ 往锅中加入适量白糖，搅拌均匀，煮至完全溶化，盛出，装碗即可。

烹饪时间
Times
17分钟

西米猕猴桃糖水

难易度：★★☆☆☆　　👥 2人份

原 料

猕猴桃100克，西米100克，淮山20克，枸杞8克

调 料

白糖6克

烹饪小提示

西米煮至呈白色透明状时即可关火；枸杞煮的时间不宜过长，以免破坏其美观和口感。

马蹄胡萝卜茅根糖水

难易度：★★☆☆☆　　👥 2人份

🥦 原 料

马蹄150克，胡萝卜180克，茅根30克

🍯 调 料

冰糖30克

💬 烹饪小提示

胡萝卜的味道稍重，去皮后可以浸在盐水里；如若不喜欢胡萝卜的味道，可先用热水焯一下去味。

🔪 做法

❶ 洗净去皮的胡萝卜切小块，去皮的马蹄切小块，备用。

❷ 砂锅中注入适量清水烧开，倒入茅根、切好的马蹄、胡萝卜。

❸ 盖上盖，烧开后用小火煮20分钟，至食材熟透。

❹ 倒入备好的冰糖，搅匀，煮至冰糖溶化；盛出，装碗即可。

烹饪时间 Times 33分钟

大麦红糖粥

难易度：★☆☆☆☆　　　3人份

原料

大麦渣350克

调料

红糖20克

做法

1.砂锅中注入适量的清水，倒入清洗干净的大麦渣，搅拌均匀。2.盖上锅盖，用大火煮开后转小火续煮30分钟至大麦渣全部熟软。3.揭开锅盖，倒入适量备好的红糖。4.用中火搅拌均匀至完全溶化；关火后将煮好的大麦红糖粥盛出即可。

奶香红豆西米露

难易度：★★☆☆☆　　　3人份

原料

水发红豆100克，西米100克，牛奶200毫升

调料

冰糖30克

做法

1.锅中注水烧开，倒入备好的西米，边煮边搅煮至透明，盛入凉开水中。2.开水锅中倒入泡发好的红豆，搅拌，烧开后转小火煮50分钟至熟软。3.掀开锅盖，倒入牛奶，再放入冰糖。4.搅拌片刻，使食材完全入味。5.将西米从凉水中捞出，沥干水分后装入碗中，将牛奶浇在西米上即可。

烹饪时间 Times 60分钟

芦荟银耳炖雪梨

难易度：★★★☆☆　　🍴 4人份

烹饪时间 Times 26 分钟

🔴 原料

芦荟85克，水发银耳130克，红薯100克，雪梨110克，枸杞10克

🔴 调料

冰糖40克

🔵 烹饪小提示

作蔬菜食用的芦荟，要限制用量，且必须去皮，否则极易引起腹泻；熬煮甜汤时水不要加太多，否则会影响成品口感。

⚙ 做 法

1 去皮的雪梨切小块，红薯、芦荟切小块，去根部的银耳切小块。

2 砂锅中注水烧开，倒入红薯、银耳、雪梨，搅匀。

3 盖上盖，用小火煮20分钟，至食材全部熟软。

4 加入冰糖，倒入枸杞、芦荟，小火续煮5分钟。

5 揭开锅盖，搅拌均匀，使其更加入味；盛出，装碗即可。

杏果炖雪梨

难易度：★★☆☆☆ 　　2人份

原 料

雪梨150克，杏子90克

调 料

冰糖25克

烹饪时间
Times
20分钟

烹饪小提示

若将杏中的杏仁瓣掉杏仁尖再一同炖雪梨，止咳平喘的效果更佳；雪梨也可以不去皮，润肺效果会更好。

做 法

❶ 雪梨去皮，切小块，洗好的杏子切取果肉，切小块，备用。

❷ 锅中注水烧热，倒入备好的雪梨、杏子，搅拌匀。

❸ 盖上盖，烧开后用小火煮约15分钟，至其变软。

❹ 倒入冰糖，拌匀，小火续煮至冰糖溶化，搅匀，盛出即可。

草莓牛奶羹

难易度：★☆☆☆☆　　🍴1人份

烹饪时间
Times
2分钟

🥣 原 料

草莓60克，牛奶120毫升

🍲 烹饪小提示

清洗草莓的方法：先放入盐水中浸泡3分钟，然后在淘米水中浸泡2分钟，再冲洗一次，最后在清水中浸泡10分钟左右。

🍴 做 法

❶ 将洗净的草莓去蒂，对半切开，再切成瓣，改切成丁。

❷ 取榨汁机，选择搅拌刀座组合，将切好的草莓倒入搅拌杯中。

❸ 放入适量牛奶，注入适量温开水，盖上盖。

❹ 选择"榨汁"功能，榨取果汁；断电后倒出汁液，装碗即可。

✂ 做 法

❶ 洗净去皮的山药切成厚片，再切成条，改切成丁，备用。

❷ 砂锅中注水烧开，放入玉竹、枸杞、党参。

❸ 再往砂锅中倒入洗净切好的山药。

❹ 盖上锅盖，用小火煮约20分钟至食材熟软。

❺ 揭开锅盖，放入白糖，搅匀至其完全溶化，装碗即可。

烹饪时间
Times
21 分钟

润肺清补凉汤

难易度：★★☆☆☆　　👥 2人份

◉ 原 料

玉竹10克，枸杞5克，党参10克，山药70克

🍥 调 料

白糖20克

🍵 烹饪小提示

药材应先用清水浸泡一会儿，便于熬煮时析出药性；还可将药材用纱布包起来再煮，会更方便食用。

胡萝卜银耳汤

难易度：★☆☆☆☆　　🍴 3人份

🥕 原　料

胡萝卜200克，水发银耳160克

🥄 调　料

冰糖30克

烹饪时间
Times
36分钟

💬 **烹饪小提示**

胡萝卜芯较硬，要久煮才能熟软，但时间过长会使大量的营养物质流失，在煮之前可将胡萝卜硬芯去掉。

🔪 做　法

❶ 去皮的胡萝卜对半切开，切滚刀块；银耳去根部，切小块。

❷ 砂锅中注入适量清水烧开，放入胡萝卜块、银耳。

❸ 用大火煮沸后转小火炖至银耳熟软，加入少许冰糖，搅拌匀。

❹ 用小火再炖煮至冰糖完全溶化；略微搅拌，装碗即可。

🔪 做 法

❶ 洗净去皮的山药切粗片，再切成条，改切成丁，备用。

❷ 砂锅中注入适量清水，倒入洗净的红豆。

❸ 盖上盖，用大火煮开后转小火煮40分钟。

❹ 揭盖，放入山药丁，小火续煮至食材熟透。

❺ 往锅中加入适量白糖、水淀粉，拌匀，装入备好的碗中即可。

烹饪时间
Times
62 分钟

红豆山药羹

难易度：★☆☆☆☆　　👥 3人份

🔴 原 料

水发红豆150克，山药200克

🅰 调 料

白糖、水淀粉各适量

⭕ 烹饪小提示

切山药时使用保鲜膜包住手，以免皮肤过敏；将切好的山药放进水里冲洗或者淡盐水里浸泡，避免变黑。

马蹄海带玉米须汤

难易度：★☆☆☆☆　　🍴2人份

烹饪时间
Times
6分钟

🍴 原 料

马蹄肉260克，海带结100克，玉米须少许

🔪 做 法

1.将清洗干净的马蹄去皮，马蹄肉对半切开，放入干净碗中备用。2.锅中注入适量的清水烧开，倒入切好的马蹄肉，搅匀。3.再放入洗净的海带结，倒入备好的玉米须，搅拌均匀。4.改用小火续煮约4分钟，用勺撇去汤表面的浮沫。5.转为中火略煮一会儿，至食材全部熟透。6.关火后将煮好的食材盛出，装入备好的碗中即可。

烹饪时间
Times
3小时

红豆木瓜牛奶冰

难易度：★★☆☆☆　　🍴2人份

🍴 原 料

红豆沙70克，牛奶120毫升，木瓜85克

🍶 调 料

白糖适量

🔪 做 法

1.将清洗干净的木瓜去皮，切大块，去籽，把果肉切成小丁块，备用。2.取一个干净的大碗，倒入红豆沙。3.注入适量牛奶，放入少许白糖，拌匀。4.取一个小碗，倒入拌好的红豆沙，用保鲜膜封好口，放入冰箱冷冻3小时。5.取出后切成碎块，另取一个玻璃杯，分层放入碎冰及木瓜丁即可。

📌 做 法

❶ 将鲜玉米粒倒在面板上，切碎，装盘待用。

❷ 砂锅中注水烧开，加入冰糖，搅拌一下。

❸ 转小火煮至冰糖溶化，倒入玉米碎、枸杞。

❹ 盖上盖，大火烧开后转小火煮至食材熟透。

❺ 掀开锅盖，搅拌均匀；盛出，装入备好的碗中即可。

烹饪时间
Times
33分钟

枸杞玉米甜汤

难易度：★☆☆☆☆　　　🍚 1人份

🥕 原 料

枸杞10克，鲜玉米粒40克

🥄 调 料

冰糖20克

🍵 烹饪小提示

甜玉米不宜煮太久，否则会破坏其甜脆的口感；而糯玉米可以适当久煮一会，使其口感更加软糯。

红豆牛奶西米露

难易度：★★★☆☆　　👥 2人份

🍽 **原　料**

西米35克，红豆60克，牛奶90毫升

🥄 **调　料**

炼奶少许

💭 **烹饪小提示**

倒入西米后要用漏勺边煮边搅拌，以
免糊底；冷藏牛奶西米时，最好用保
鲜膜封住碗口，以保持牛奶的鲜味。

🍴 **做 法**

❶ 西米倒入热水锅中，烧
开后转小火煮约30分
钟至西米色泽通透。

❷ 将西米捞出，放冷后
与牛奶混和均匀，再
冷藏。

❸ 清水锅中倒入红豆，煮
熟后装碗，加入炼奶拌
匀，制成红豆羹。

❹ 将冷藏好的牛奶西米
与制好的红豆羹混
合，搅匀即可。

🥄 做 法

❶ 洗净的砂锅中注入适量清水烧热。

❷ 倒入洗好的绿豆、黑豆、乌梅。

❸ 往砂锅中放入清洗干净的红豆。

❹ 盖上盖，煮开后用小火煮40分钟至食材熟透。

❺ 揭盖，倒入冰糖，拌匀，用大火煮至全部溶化，盛出即可。

烹饪时间
Times
45分钟

乌梅杂豆羹

难易度：★★☆☆☆　　　🍴2人份

🍵 原 料

水发红豆85克，水发黑豆90克，水发绿豆40克，乌梅35克

🥢 调 料

冰糖 30克

⏲ 烹饪小提示

红豆不易煮熟，可提前用温水浸泡至涨开，这样可以节省烹饪时间，若是想换口味，红豆还可以换成黄豆。

玉米奶露

难易度：★★☆☆☆　　📖 2人份

◯ 原 料

鲜玉米粒100克，牛奶150毫升

◯ 调 料

白糖12克

💬 烹饪小提示

若加入少许的胡萝卜汁一起煮制，营养更全面。若想获得更加爽口的奶露，还可将玉米榨汁后先过滤在与牛奶同煮。

✎ 做 法

❶ 汤锅中注水烧开，放入玉米粒，搅匀，小火煮熟，捞出。

❷ 牛奶倒入汤锅中，调成中小火，放入白糖，拌匀，煮至白糖溶化。

❸ 取榨汁机，倒入煮熟的玉米，再加入煮好的牛奶。

❹ 选择"搅拌"功能，榨取玉米奶露；将榨好的奶露盛入碗中即可。

做法

❶ 洗净的砂锅中注入适量清水，用大火烧开。

❷ 倒入备好的白果、红枣、绿豆。

❸ 盖上锅盖，用大火煮开后转小火煮至食材熟软。

❹ 揭开锅盖，加入适量冰糖。

❺ 搅拌均匀，略煮一会儿至冰糖溶化；盛出，装入备好的碗中。

烹饪时间
Times
35分钟

红枣白果绿豆汤

难易度：★★☆☆☆　　2人份

原料

水发绿豆150克，白果80克，红枣15克

调料

冰糖10克

烹饪小提示

白果里面的芽一定要去掉，这是白果毒性最大的部分，以免中毒。用温水浸泡绿豆，能缩短泡发的时间。

薏米绿豆汤

难易度：★☆☆☆☆　　2人份

烹饪时间
Times
41分钟

原 料

水发薏米90克，水发绿豆150克

调 料

冰糖30克

做 法

1.砂锅中注入适量清水烧开，倒入清洗干净的绿豆、薏米。2.盖上锅盖，烧开后用小火煮约40分钟，至食材全部熟透。3.揭开锅盖，加入适量冰糖，煮至完全溶化。4.继续搅拌一会儿，使汤味道均匀。5.关火后盛出煮好的甜汤，装入备好的汤碗中即可。

绿豆银耳羹

难易度：★☆☆☆☆　　3人份

原 料

绿豆60克，水发银耳250克

调 料

白糖15克

做 法

1.砂锅中注入适量清水烧开，倒入泡发好的绿豆。2.加入洗净切好的银耳，搅拌均匀。3.盖上锅盖，用大火煮开后转小火续煮40分钟至食材熟软。4.揭开盖，加入适量白糖，搅拌至完全溶化。5.关火后盛出煮好的甜汤，装入备好的碗中即可。

烹饪时间
Times
43分钟

做 法

❶ 砂锅中注入适量清水，用大火烧热。

❷ 倒入绿豆，搅匀，煮开后转小火煮30分钟。

❸ 倒入备好的葡萄干、玉米粒，搅拌匀。

❹ 续煮10分钟至食材熟透，倒入椰奶、牛奶。

❺ 加入少许白糖，搅拌匀，煮至食材入味；盛出装碗。

烹饪时间
Times
42分钟

绿豆椰奶

难易度：★★★☆☆　　🥄 3人份

🥗 原 料

水发绿豆200克，玉米粒70克，葡萄干20克，牛奶150毫升，椰奶150毫升

🥄 调 料

白糖少许

🍵 烹饪小提示

绿豆不宜浸泡过久，以免绿豆发芽。葡萄干和牛奶本身带有甜味，清淡饮食人群可以少放白糖或不放。

绿豆杏仁百合甜汤

难易度：★★☆☆☆　　👥2人份

⊙原 料

水发绿豆140克，鲜百合45克，杏仁少许

烹饪时间
Times
46分钟

⊙ 烹饪小提示

杏仁和绿豆要先浸泡，可以减少煮的时间。百合不能煮太久，清脆的口感更棒。可加少许冰糖调味，味道会更佳。

🍳 做 法

❶ 砂锅中注入适量清水烧开，倒入洗好的绿豆、杏仁。

❷ 盖上盖，烧开后用小火煮约30分钟；揭开盖，倒入百合，拌匀。

❸ 再盖上盖，用小火煮约15分钟至食材全部熟透。

❹ 揭开盖，搅拌均匀，盛出煮好的甜汤，装入碗中即可。

🍴 做法

❶ 将洗净的苦瓜切开，再切成小块，装入盘中，待用。

❷ 砂锅中注水烧开，倒入洗净的绿豆，搅匀。

❸ 煮沸后用小火煮约40分钟，至绿豆变软。

❹ 倒入苦瓜，搅匀，加冰糖，搅散，煮至熟透。

❺ 取下盖子，略微搅拌几下，盛出，装入备好的碗中即可。

烹饪时间
Times
52分钟

苦瓜绿豆汤

难易度：★★☆☆☆　　👥 2人份

⊙ 原料

水发绿豆200克，苦瓜100克

🍶 调料

冰糖40克

🍵 烹饪小提示

苦瓜切好后用淡盐水浸泡一会儿，能有效减轻其苦味。绿豆煮前最好先用温水泡软，这样可以缩短烹调时间。

绿豆沙

难易度：★☆☆☆☆　　👥 1人份

烹饪时间
Times
72 分钟

🍵 原　料
水发绿豆100克

🧂 调　料
冰糖30克

🍲 烹饪小提示
糖的量要根据自己的口味来添加，熬好的绿豆沙放冰箱冷藏后更佳。未煮熟透的绿豆不可食用，以免引起腹泻。

🍴 做　法

❶ 锅中注入适量清水烧开，倒入清洗干净的绿豆。

❷ 盖上盖，烧开后转小火煮约70分钟，至食材熟透。

❸ 揭盖，倒入备好的冰糖，拌匀，转中火，煮至糖分溶化。

❹ 关火后盛出煮好的绿豆沙，装入备好的碗中即成。

🥄 做 法

❶ 砂锅中注入适量清水，用大火烧开。

❷ 倒入绿豆，搅匀，煮开后转小火煮至其熟软。

❸ 揭开锅盖，倒入泡软的陈皮，搅匀。

❹ 盖上锅盖，续煮约15分钟。

❺ 倒入冰糖，搅匀，煮至溶化；盛出，装入备好的碗中即可。

烹饪时间
Times
58 分钟

陈皮绿豆汤

难易度：★☆☆☆☆　　👥 2人份

🥢 原 料

水发绿豆200克，水发陈皮丝8克

🍶 调 料

冰糖适量

💬 烹饪小提示

绿豆泡久一点，煮的时候时间可以缩短；搭配陈皮，口感爽滑，且陈皮不宜煮太久，以免影响其口感。

松子鲜玉米甜汤

难易度：★☆☆☆☆　　🍴1人份

🥣 **原 料**

松子30克，玉米粒100克，红枣6枚

🥄 **调 料**

白糖15克

🔪 **做 法**

1.砂锅中注入适里清水烧开，倒入清洗干净的红枣、玉米粒，搅拌均匀。2.大火煮开后转小火煮15分钟至食材全部熟透。3.放入清洗干净的松子，拌匀。4.小火续煮10分钟至食材全部熟透。5.揭开盖，加入适量白糖；搅拌约1分钟至白糖完全融化，盛出，装入备好的碗中即可。

黑米补血甜汤

难易度：★☆☆☆☆　　🍴1人份

🥣 **原 料**

黑米50克，海底椰2克

🥄 **调 料**

冰糖30克

🔪 **做 法**

1.砂锅中注入适量清水烧开，倒入泡好的黑米。2.放入备好的海底椰，搅拌均匀。3.盖上锅盖，用大火煮开后转小火续煮40分钟至食材全部熟软入味。4.揭开盖，加入适量冰糖。5.拌匀至冰糖完全溶化，关火后盛出煮好的汤，装入备好的碗中即可。

蛋清糖水

难易度：★☆☆☆☆　　 1人份

烹饪时间
Times
2分钟

 原 料

鸡蛋2个

 调 料

白糖适量

 烹饪小提示

烧开后再倒入蛋清，注意掌握好火候，以打出漂亮的蛋花。此外，白糖的量一定要适宜，以免掩盖蛋清的味道。

 做 法

❶ 将鸡蛋打开，取出蛋清，备用。

❷ 锅中注入适量清水烧开。

❸ 关火后往锅中倒入备好的蛋清。

❹ 放入适量白糖，搅拌均匀；将煮好的糖水盛出，装入碗中即可。

百合枸杞红豆甜汤

难易度：★★☆☆☆　　🧑 2人份

🍄 原 料

水发红豆160克，鲜百合35
克，枸杞少许

🧂 调 料

冰糖20克

🍲 烹饪小提示

红豆不易熟，泡发的时间可久一点。由于枸杞有温热身体的作
用，正在感冒发烧、身体有炎症、腹泻的人不宜食用。

✒️ 做 法

1

砂锅中注入适量清水
烧开，倒入清洗干净
的红豆。

2

盖上盖，烧开后用小火
煮约30分钟。

3

揭开盖，倒入洗净的百
合、枸杞。

4

加冰糖，拌匀，用中小火
煮约5分钟至食材熟透。

5

揭开盖，搅拌均匀，
盛出，装入备好的碗
中即可。

冬瓜茶

难易度：★☆☆☆☆　　🍴 1人份

烹饪时间
Times
12分钟

🔆 原 料

冬瓜130克

🥄 调 料

红糖少许

🌀 烹饪小提示

冬瓜的外皮上有层白粉，可用小刀轻轻刮除后再清洗，煮冬瓜时，最好多搅拌几次，以免果肉粘在锅底，影响成品口感。

✅ 做 法

❶ 清洗干净的冬瓜先切大块，再切小块。

❷ 锅中注入适里清水烧热，放入冬瓜块，搅拌均匀。

❸ 用中小火煮约10分钟，撒上少许红糖，搅拌匀。

❹ 用小火续煮至冬瓜肉熟软；盛出煮好的冬瓜茶，装入杯中即成。

红豆汤圆

难易度：★☆☆☆☆　　🈸 1人份

🔄 原 料

小汤圆30克，红蜜豆20克

烹饪时间
⏱ Times
12分钟

🍲 烹饪小提示

煮汤圆不能用大火，水烧开后一定要改用小火，且汤圆煮开后可加入少许冷水，这样汤圆不易煮破。

⏱ 做 法

❶ 锅洗净，注入适量清水烧开。

❷ 往开水锅中，放入备好的小汤圆。

❸ 煮约10分钟至其全部熟透。

❹ 倒入红蜜豆，略煮一会儿至熟。

❺ 关火后盛出煮好的汤圆，装入碗中即可。

苹果梨香蕉粥

难易度：★☆☆☆☆　　👥 2人份

🍎 原　料

水发大米80克，香蕉90克，苹果75克，
梨60克

烹饪时间 Times 37 分钟

🍵 烹饪小提示

香蕉本身比较软，可以在粥煮好后加入香蕉碎，也可根据个人口味，适量添加一点冰糖或蜂蜜，口感会更好。

🍴 做 法

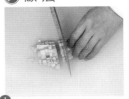

❶ 苹果去核，削皮，切小丁块；梨去皮，切成小丁；香蕉剥皮，剁碎。

❷ 锅中注入适量清水烧开，倒入洗净的大米，拌匀。

❸ 烧开后用小火煮至大米熟软；倒入梨、苹果，再放入香蕉。

❹ 搅拌，大火略煮；关火后盛出，装入碗中即可。

做 法

① 砂锅注水烧开，倒入泡好的红豆。

② 往锅中放入洗净泡好的薏米。

③ 搅拌均匀，大火煮开转小火续煮40分钟至熟软。

④ 揭盖，倒入冰糖，搅拌至溶化。

⑤ 缓缓加入牛奶，用中火搅拌均匀，装入备好的碗中即可。

红豆薏米美肌汤

难易度：★★☆☆☆　　　2人份

烹饪时间
Times
46分钟

原 料

水发红豆100克，水发薏米80克，牛奶100毫升

调 料

冰糖30克

烹饪小提示

红豆、薏米应提前用水浸泡20分钟以上，泡红豆的水不要浪费，可以用它来煮这道甜品，红豆味会更浓。

酸甜李子饮

难易度：★☆☆☆☆　　🍴2人份

🍄 **原 料**

李子120克，雪梨80克

🍶 **调 料**

冰糖30克

烹饪时间
Times
22分钟

◎ **烹饪小提示**

将李子去皮能减少汁水的酸涩味，但是不去皮可使汤汁颜色更漂亮。李子不宜煮的过久，否则会影响口感。

🍳 **做 法**

❶ 李子切取果肉；雪梨去皮，去核，切成小瓣，果肉切小块。

❷ 砂锅中注入适量清水烧开，倒入李子、雪梨，拌匀。

❸ 盖上盖，烧开后用小火煮约20分钟至食材熟透。

❹ 揭开盖，倒入冰糖，搅拌匀，用大火煮至溶化，盛出即可。

马蹄田七茅根汤

难易度：★★☆☆☆　　🍴 2人份

🌾 **原 料**

马蹄肉200克，田七、茅根各少许

💧 **烹饪小提示**

马蹄去皮后可用热水烫几分钟，这样能杀灭寄生虫。茅根是甘凉清淡之物，用它来炖汤有清火解热之功效。

🍳 **做 法**

❶ 砂锅中注入适量清水烧热，倒入备好的田七、茅根、马蹄肉。

❷ 盖上盖，烧开后用小火煮约30分钟。

❸ 揭开盖，将食材搅拌几下。

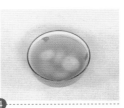

❹ 关火后盛出煮好的汤料，装入备好的碗中即可。

做 法

❶ 洗净的香蕉剥皮，将果肉切成小块。

❷ 清洗干净的陈皮切粗丝，备用。

❸ 砂锅中注水烧开，倒入陈皮、香蕉，搅匀。

❹ 盖上盖，用大火烧开后转小火煮约10分钟。

❺ 揭盖，放入冰糖，拌匀，用中火煮至糖分溶化，盛出即可。

烹饪时间
Times
12分钟

陈皮冰糖煮香蕉

难易度：★☆☆☆☆　　2人份

❤ 原 料

香蕉185克，陈皮少许

❤ 调 料

冰糖30克

烹饪小提示

陈皮泡软后再切丝，会更省力；冰糖可根据个人口味进行添加。本品有健脾消食之效，对脾胃不佳者，益处颇多。

番茄椰果饮

难易度：★★☆☆☆　　　🧑 2人份

◎ 原 料

西红柿120克，椰味果冻适量

◎ 调 料

白糖少许

烹饪时间
Times
3分钟

◎ 烹饪小提示

在西红柿上切花刀时，注意刀口不要太深。做好的椰果饮最好马上饮用，不然放的时间长了会很容易变味。

✎ 做 法

❶ 洗净的西红柿切上十字花刀，将备好的椰味果冻切成条。

❷ 开水锅中氽煮西红柿至表皮起皱，再在冷水中浸泡，剥皮，切块。

❸ 取榨汁机，选择搅拌刀座组合，倒入西红柿、白糖，注入纯净水。

❹ 榨取汁水；将榨好的西红柿汁倒入杯中，加果冻即可。

✍ 做 法

❶ 将清洗干净的马蹄肉对半切开，再切成小块。

❷ 清洗干净的黑加仑切小块，备用。

❸ 砂锅中注水烧开；放入黑加仑，倒入马蹄块。

❹ 煮沸后用小火再煮约15分钟；放入冰糖，搅匀。

❺ 再用中火续煮一会儿，至糖分完全溶化，盛出装碗即可。

烹饪时间
Times
17分钟

黑加仑马蹄糖水

难易度：★☆☆☆☆　　🍴 2人份

🐮 原 料

黑加仑100克，马蹄肉100克

🧂 调 料

冰糖20克

🥄 烹饪小提示

马蹄煮的时间不宜太长，以免糖水有涩口的味道。由于马蹄本身就带有清甜的味道，所以冰糖适量添加即可。

鲜藕枸杞甜粥

难易度：★☆☆☆☆　　🍴 4人份

原 料

莲藕300克，枸杞10克，水发大米150克

调 料

冰糖20克

烹饪时间
Times
47分钟

烹饪小提示

藕可选择面一些的，如果是一整根，可选择中间比较短粗的部分。藕片切好后可放入清水中浸泡，以防氧化变黑。

做 法

1 清洗干净的莲藕切块，再切条，改切成丁，备用。

2 开水锅中，倒入清洗干净的大米，用小火煮约30分钟。

3 放入切好的莲藕，加入洗净的枸杞，小火续煮至食材熟透。

4 放入冰糖，煮至完全溶化；关火后盛出煮好的甜粥即可。

烹饪时间
Times
17分钟

山药杏仁银耳羹

难易度：★★☆☆☆　　　3人份

原 料
水发银耳180克，山药220克，杏仁25克

调 料
白糖4克，水淀粉适量

做 法
1.去皮洗净的山药切开，再切薄片；洗好的银耳切成小朵。2.锅中注入适量的清水烧热，倒入山药片、杏仁，倒入切好的银耳，拌匀。

3.烧开后转小火煮约15分钟，至食材熟透。

4.加入适量白糖，搅拌一小会儿，再用水淀粉勾芡，至汤汁浓稠。5.关火后盛出煮好的银耳羹，装在碗中即可。

鲜果薄荷茶

难易度：★☆☆☆☆　　　1人份

原 料
苹果50克，猕猴桃45克，菠萝55克

调 料
红茶叶、薄荷叶各少许

做 法
1.去皮的菠萝切片，苹果切小块，洗好去皮的猕猴桃切片。2.取一个茶杯，倒入红茶叶、薄荷叶。3.放入切好的水果，加入少许开水，冲洗一下，滤出汁水。4.杯中再次加入适量开水，至八九分满。5.盖上盖，泡约3分钟，至香气溢出，揭盖趁热饮用即可。

烹饪时间
Times
4分钟

做法

❶ 银耳切去根部，切小块，洗净的火龙果肉切成丁，备用。

❷ 开水锅中撒上食粉，倒入银耳，略煮，捞出，。

❸ 砂锅中注水烧开，倒入红枣、枸杞、银耳，煮熟。

❹ 倒入火龙果肉，加冰糖，煮至冰糖溶化。

❺ 搅拌均匀，关火后盛出煮好的银耳糖水，装碗，凉后即可食用。

火龙果银耳糖水

难易度：★★☆☆☆　🍴2人份

🍲 烹饪时间 Times 20分钟

🔵 原料

火龙果150克，水发银耳100克，冰糖30克，红枣20克，枸杞10克

🔵 调料

食粉少许

🔵 烹饪小提示

银耳应提前浸泡2小时以上，银耳的焯水时间可长一些，这样能缩短烹饪时间。可将成品放入冰箱冰镇，口感更佳。

火龙果椰奶西米露

难易度：★★☆☆☆　　🍴3人份

🏷️ **原 料**

火龙果170克，西米85克，椰奶150毫升

🧂 **调 料**

白糖适量

烹饪时间
⏱️ Times
25分钟

🔍 **烹饪小提示**

煮西米时水不要太少，以免煮得太稠，影响口感。本品椰香浓郁、清甜爽滑，尤其适宜体质虚弱、消化不良者食用。

🍴 **做 法**

❶ 洗净的火龙果切大块，去除果皮，将果肉切成小块。

❷ 锅中注水烧热，倒入西米；烧开后用小火煮约20分钟至其熟透。

❸ 往锅中加入少许白糖，搅拌均匀。

❹ 倒入适量椰奶，搅匀，略煮；装碗，点缀上火龙果即可。

脱脂奶红豆汤

难易度：★★☆☆☆　　🍴2人份

🥣 原 料

水发红豆200克，红枣5
克，脱脂牛奶250毫升

🥄 调 料

白糖少许

🍳 做 法

1 清洗干净的红枣切开，
去核，备用。

2 砂锅中注入清水，倒入红
豆，拌匀，煮至其熟软。

3 揭盖，倒入红枣，拌
匀，煮5分钟。

4 加入脱脂牛奶，用小火
煮至沸。

5 加入白糖，拌匀，煮至
完全溶化；装入备好的
碗中即可。

🍲 烹饪小提示

红豆应提前浸泡几小时，这样比较易煮。可用炼奶代替白
糖，这样奶香味会更浓。白糖可依个人口味适当添加。

苹果雪梨饮

难易度：★★☆☆☆　　🍴 2人份

🕐 烹饪时间
Times
31 分钟

🍎 **原 料**

苹果100克，雪梨70克，红枣少许

◎ **烹饪小提示**

可以适当加入蜂蜜进行调味，使其口感更佳。此外，还可加入一些银耳，能使滋润效果更佳。

🔪 **做 法**

❶ 洗净的苹果取果肉，切小块；洗好的雪梨取果肉，切小块。

❷ 清洗干净的红枣取果肉切小块。

❸ 锅置火上，倒入切好的食材，注入适量清水，拌匀。

❹ 烧开后转小火煮约30分钟，至食材析出营养成分；装碗即成。

燕窝阿胶糯米粥

难易度：★☆☆☆☆　　👥 1人份

烹饪时间 Times 33分钟

原料

水发糯米70克，水发燕窝、阿胶各少许

调料

红糖20克

做法

1.砂锅中注入适量清水烧开，倒入清洗干净的糯米。2.盖上盖，烧开后用小火煮约30分钟至食材全部熟透。3.揭开盖，倒入清洗干净的阿胶，搅拌均匀，煮至全部溶化。4.倒入适量红糖、燕窝，搅拌均匀；关火后盛出，装入备好的碗中即可。

烹饪时间 Times 37分钟

玫瑰柴胡苹果茶

难易度：★★☆☆☆　　👥 1人份

原料

苹果25克，柴胡7克，玫瑰花苞5克

调料

冰糖25克

做法

1.洗净的苹果切瓣，去籽，去皮，切成小块。2.砂锅中注水烧开，倒入柴胡，拌匀，用中火煮15分钟至药性析出。

3.倒入切好的苹果，加入玫瑰花苞，盖上盖，用大火煮15分钟至食材有效成分析出。4.揭开盖，搅拌均匀，倒入冰糖，搅拌至溶化。5.盖上盖，用大火焖5分钟至入味，揭开盖，盛出装碗。

Part 4

秋季喝甜汤，
润肺平燥

　　一层风雨一层寒，过了白露就意味着正式进入秋天，气温逐渐下降，秋意也更加浓厚。在秋季，"燥"一直是困扰人们的大难题，而《遵生八笺》中指出："秋气燥，易食麻以润其燥。"意思是说秋季润燥，应多进食些蜂蜜、芝麻、杏仁等甘淡滋润的食物。而将这些润燥良品煲制成甜汤食用，能起到更好的润燥功效，下面就看看我们为您挑选的秋季甜汤吧！

枣仁鲜百合汤

难易度：★☆☆☆☆　　👤 1人份

烹饪时间
Times
35 分钟

🔵 原 料

鲜百合60克，酸枣仁20克

🔵 烹饪小提示

酸枣仁不宜切得太碎，否则会影响口感；吃不完的鲜百合可以装入密封的容器中，然后放到水中保鲜。

🖊 做 法

① 将洗净的酸枣仁切成碎粒，鲜百合洗净，备用。

② 开水锅中，倒入酸枣仁，用小火煮至其析出有效成分。

③ 砂锅中倒入清洗干净的百合，用勺子搅拌均匀。

④ 改用中火续煮约4分钟，至锅中食材熟透，盛出即成。

🔪 做 法

① 洗净去皮的木瓜切成厚片，再切成块，备用。

② 热水锅中，放入木瓜、莲子，搅拌均匀。

③ 盖上盖子，烧开后转小火煮至食材熟软。

④ 揭开盖子，将百合倒入锅中，搅拌均匀。

⑤ 加入少许白糖，搅拌均匀，至食材入味，盛入碗中即可。

烹饪时间
Times
13分钟

安神莲子汤

难易度：★☆☆☆☆　　🍚 1人份

▶ 原 料

木瓜50克，水发莲子30克，百合少许

🅐 调 料

白糖适量

◉ 烹饪小提示

莲子心有苦味，却是清心降火的佳品，不喜欢苦味的人可以先将莲子芯在水中泡一会儿再煮，可有效降低苦味。

金橘枇杷雪梨汤

难易度：★☆☆☆☆　　　🍽 2人份

🔴 原 料

雪梨75克，枇杷80克，金橘60克

🟢 烹饪小提示

枇杷核能化痰止咳、疏肝理气，熬汤时可放入同煮；熬煮此汤时，要根据食材的多少添加适量的清水。

✏️ 做 法

❶ 将金橘切成小瓣；雪梨、枇杷去核，再切成小块。

❷ 开水锅中，倒入切好的雪梨、枇杷、金橘，搅拌匀。

❸ 盖上盖，烧开后改用小火续煮约15分钟。

❹ 揭盖，搅拌均匀，关火后盛出雪梨汤，装入碗中即成。

✎ 做法

❶ 将洗净去皮的莲藕对半切开，再改切成薄片，备用。

❷ 开水锅中，倒入洗好的绿豆、花生。

❸ 盖上盖，烧开后转小火煲煮约30分钟。

❹ 揭盖，倒入莲藕，小火续煮至食材熟透。

❺ 放入冰糖，拌煮至冰糖溶化；盛出煮好的绿豆汤即可。

烹饪时间
Times
40分钟

花生莲藕绿豆汤

难易度：★☆☆☆☆　　🍴 2人份

◎ 原料

莲藕150克，水发花生60克，水发绿豆70克

🍶 调料

冰糖25克

◎ 烹饪小提示

花生应在水中浸泡至可轻轻搓破红衣，去除红衣，更易煮熟；将冰糖换成红糖，更适合女性食用。

红薯莲子银耳汤

难易度：★☆☆☆☆　　4人份

烹饪时间 Times 47分钟

原料
红薯130克，水发莲子150克，水发银耳200克

调料
白糖适量

做法
1.将泡好的银耳撕成小朵；洗净去皮的红薯切成丁。2.开水锅中，倒入洗净的莲子、银耳，用小火煮至变软。3.倒入红薯丁，用小火续煮约15分钟，至食材熟透。4.加入少许白糖，拌匀，转中火，煮至溶化。5.关火后盛出煮好的银耳汤，装在碗中即可。

南瓜大麦汤

难易度：★☆☆☆☆　　4人份

原料
去皮南瓜200克，水发大麦300克，去核红枣4个

调料
白糖2克

做法
1.洗净去皮的南瓜切粗条，改切成丁。2.砂锅注入适量清水，倒入大麦、红枣，用大火煮开后转小火煮30分钟，至食材熟透。3.倒入切好的南瓜，煮10分钟至熟软。4.放入白糖，搅拌至糖溶化；关火后盛出煮好的汤料，装入备好的碗中即可。

烹饪时间 Times 45分钟

🥄 做 法

❶ 将洗净去皮的红薯切滚刀块，备用。

❷ 用油起锅，加入白糖，用小火炒至溶化。

❸ 注入适量清水，用大火煮沸。

❹ 倒入红薯，烧开后改用小火煮30分钟。

❺ 倒入柠檬汁，拌匀，大火略煮后，盛出煮好的甜汤即可。

烹饪时间 Times 35分钟

酸甜柠檬红薯

难易度：★☆☆☆☆　　🍴 2人份

🍋 原 料

红薯200克，柠檬汁40克

🥄 调 料

白糖5克，食用油适量

🍲 烹饪小提示

红薯表皮的有害物质较多，所以最好把皮去掉再烹饪；切开后一次吃不完的柠檬，可以放在蜂蜜中腌渍。

糯米红薯甜粥

难易度：★☆☆☆☆　　🍴2人份

原料

红薯80克，水发糯米150克

调料

白糖适量

烹饪时间 Times 41分钟

烹饪小提示

糯米黏度高，不易消化吸收，在煲制甜汤之前先用清水泡2~3小时，再蒸约1小时，煮出来的甜汤更软烂。

做法

1 洗净去皮的红薯切厚片，切条状，改切成丁，备用。

2 砂锅中注入适量清水，置于火上，烧开。

3 将糯米、红薯倒入开水锅中，拌煮至沸。

4 盖上锅盖，用小火煮40分钟至食材熟软。

5 揭开锅盖，加入少许的白糖，煮至白糖溶化，盛出甜粥即可。

甘蔗雪梨糖水

难易度：★☆☆☆☆　👥 2人份

◎ 原 料

甘蔗200克，雪梨100克

◎ 烹饪小提示

甘蔗切得短一些，拍裂的时候才更省力；甘蔗皮煮水，能预防感冒，可以保留与梨同煮。

🔪 做 法

❶ 将甘蔗切小段，再拍裂；洗净的雪梨去除果核，切成丁。

❷ 开水锅中，倒入甘蔗、雪梨，煮沸后转小火煮至食材熟软。

❸ 揭盖，搅拌几下，改用中火续煮片刻。

❹ 关火后盛出煮好的糖水，稍微放凉后即可饮用。

杜仲灵芝银耳汤

难易度：★☆☆☆☆　　　📅 1人份

烹饪时间 Times 31分钟

🥣 原料

水发银耳100克，灵芝10克，杜仲5克

🥄 调料

冰糖12克

🍲 烹饪小提示

煮此汤时不宜加入食粉，以免降低药材的药用价值；为了保存汤的美观及口感，可将灵芝、杜仲放入纱袋中同煮。

🍳 做法

❶ 将洗净的银耳切小块，备用。

❷ 开水锅中，倒入洗净的灵芝、杜仲，拌匀。

❸ 放入备好的银耳，用小火煮至食材熟透。

❹ 加入适量冰糖，用中火续煮至糖分完全溶化。

❺ 关火后将煮好的银耳汤盛出，待稍微冷却后即可饮用。

百合雪梨养肺汤

难易度：★☆☆☆☆　　 2人份

烹饪时间 Times 15分钟

❀ 原料
雪梨80克，百合20克，枇杷50克

❀ 调料
白糖20克

❀ 烹饪小提示
用冰糖代替白糖，润肺效果更佳；雪梨带皮煮汤，润肺降火、消炎解毒的作用更好。

✎ 做法

❶ 洗净去皮的雪梨切开，切瓣，去核，改切成小块。

❷ 将清洗干净的枇杷切开，先去核，再切成小块。

❸ 锅中注入适量清水烧开，倒入雪梨、枇杷，煮至熟软。

❹ 下入百合，再倒入白糖调味；小火炖煮至熟，盛入碗中即可。

柚子香紫薯银耳羹

难易度：★☆☆☆☆　　🍴 2人份

烹饪时间
Times
32分钟

🥄 原 料

紫薯70克，葡萄柚80克，水发银耳10克

🍶 调 料

蜂蜜柚子茶100毫升

🍲 烹饪小提示

此汤中加入适量西米露，风味更佳；
蜂蜜煮汤不能高温煮沸，否则会破坏
掉其营养成分，也会影响口感。

🔪 做 法

❶ 砂锅中注水烧开，倒入备好的紫薯块，加入葡萄柚、银耳。

❷ 盖上盖，用大火煮开后转小火煮30分钟至食材熟透。

❸ 揭开盖子，倒入适量的蜂蜜柚子茶，搅拌均匀。

❹ 略煮片刻，至汤汁入味；关火后盛出煮好的甜汤即可。

蜂蜜蒸百合雪梨

难易度：★★☆☆☆　　🍴2人份

🍀 **原 料**

雪梨120克，鲜百合30克

🍯 **调 料**

蜂蜜适量

🔪 **做 法**

1.将洗净的雪梨去皮，从四分之一处切断，分为雪梨盅与盅盖，掏空。2.再把洗好的百合填入雪梨盅内，均匀地浇上少许蜂蜜。3.另取一个干净的蒸盘置于蒸锅中，摆上雪梨盅与盅盖。4.盖上锅盖，用大火蒸约10分钟，至食材熟软。5.揭开锅盖，待水汽散开，取出蒸好的雪梨盅即可。

芒果西米露

难易度：★☆☆☆☆　　🍴3人份

🍀 **原 料**

芒果肉300克，西米30克，牛奶100毫升

🍯 **调 料**

白糖25克

🔪 **做 法**

1.锅中倒入约800毫升的清水煮沸。
2.倒入洗净的西米拌匀，盖上锅盖，小火煮20分钟至西米晶莹透亮。3.揭开锅盖，倒入牛奶，用汤勺搅拌一会儿。
4.加入白糖，用小火煮约2分钟至入味。
5.倒入切好的芒果果肉，拌匀，煮至沸腾；盛出即可。

紫薯百合银耳汤

难易度：★☆☆☆☆　　　2人份

烹饪时间
Times
26分钟

原料

紫薯50克，水发银耳95克，鲜百合30克

调料

冰糖40克

烹饪小提示

紫薯本身带有甜味，冰糖可以适量少放，以免成品太甜；百合不宜煮太久，以免发苦。

做法

① 将洗净的银耳切成小块；备好的紫薯切成丁，备用。

② 开水锅中，倒入紫薯、银耳，烧开后用小火煮至食材熟软。

③ 倒入洗好的百合，再加入冰糖，用汤勺搅拌均匀。

④ 盖上盖，小火续煮至冰糖溶化；揭盖，盛出煮好的甜汤即可。

🔪 做 法

❶ 将洗净的银耳切成小朵；去皮哈密瓜切成小丁块，备用。

❷ 开水锅中，倒入备好的莲子、银耳。

❸ 放入北芪、党参、枸杞、蜜枣，小火煮透。

❹ 放入哈密瓜，倒入水淀粉，拌煮至汤汁浓稠。

❺ 加少许白糖，拌煮至溶化；关火后将煮好的汤料装入碗中即可。

烹饪时间
Times
35分钟

蜜瓜雪耳莲子羹

难易度：★☆☆☆☆　　👥 2人份

🥢 原 料

哈密瓜100克，枸杞5克，北芪4克，党参5克，蜜枣15克，水发莲子70克，水发银耳40克

🥄 调 料

水淀粉10毫升，白糖少许

🍳 烹饪小提示

泡发银耳时可以撒上少许食粉，这样能缩短泡发的时间；或将银耳放入微波炉中加热两分钟，泡发效果更好。

猕猴桃雪梨西米露

难易度：★☆☆☆☆　　🍴 2人份

烹饪时间
Times
22分钟

🥘 原 料

猕猴桃70克，雪梨100克，西米65克

🥄 调 料

冰糖30克

🔪 做 法

1.洗净去皮的雪梨对半切开，切瓣，去核，再切成丁。2.洗好去皮的猕猴桃切成小块，备用。3.锅中注水烧开，倒入西米，用小火煮20分钟。4.揭开盖，放入切好的雪梨、猕猴桃，拌匀。5.倒入冰糖，搅拌匀，煮至冰糖溶化；关火后盛出即可。

百"莲"好合

难易度：★☆☆☆☆　　🍴 1人份

🥘 原 料

百合30克，水发莲子40克

🥄 调 料

白糖适量

🔪 做 法

1.锅中注入适量清水烧开，倒入洗好的莲子，搅散。2.盖上锅盖，大火烧开后转小火续煮20分钟，至莲子熟软。3.揭开锅盖，将备好的百合倒入锅中，搅拌均匀，续煮约5分钟。4.加入少许白糖，拌匀；关火后将煮好的甜汤盛入备好的碗中即可。

烹饪时间
Times
36分钟

🥄 做 法

❶ 洗净去皮的雪梨对半切开，切瓣，去核，切成小块。

❷ 开水锅中，倒入雪梨块，放入洗净的川贝、百合，搅拌匀。

❸ 盖上盖，烧开后用小火煮至食材熟透。

❹ 揭开锅盖，倒入备好的冰糖，拌匀。

❺ 略煮片刻，至冰糖溶化；关火后盛出煮好的甜汤即可。

烹饪时间
Times
16分钟

川贝百合炖雪梨

难易度：★☆☆☆☆　　👥 2人份

🍠 **原 料**

川贝20克，雪梨200克，鲜百合40克

🍚 **调 料**

冰糖30克

💬 **烹饪小提示**

川贝可以压碎或者压成粉末状，药效更易发挥；百合、雪梨均不易煮太久，否则营养物质会大量流失。

芒果雪梨糖水

难易度：★☆☆☆☆　　👥 2人份

烹饪时间
Times
3 分钟

🍄 原 料

雪梨160克，芒果肉65克

🍶 调 料

冰糖适量

🍵 烹饪小提示

最好选用八成熟的芒果，甜汤的饮用价值会更高；芒果属于后熟水果,用保鲜膜封起来放冰箱,最多只能放一周。

🍴 做 法

❶ 将备好的芒果肉切条形，改切成丁。

❷ 洗净去皮的雪梨对半切开，切成瓣，去核，改切成小块。

❸ 汤锅中注入适量清水烧热，倒入切好的芒果和雪梨。

❹ 加入冰糖，搅拌匀，略煮至冰糖溶化；关火后盛出即成。

✎ 做法

❶ 将银耳切成小块；甘蔗敲破，切成段；木瓜切成丁。

❷ 开水锅中，放入洗净的莲子、无花果，拌匀。

❸ 加入甘蔗、银耳，用小火炖至食材熟软。

❹ 放入木瓜，用小火再炖10分钟，至食材熟透。

❺ 放入红糖，煮至糖溶化；盛出煮好的汤料，装入汤碗中即可。

烹饪时间
Times
35 分钟

甘蔗木瓜炖银耳

难易度：★☆☆☆☆　　🍴 4人份

◉ 原 料

水发银耳150克，无花果40克，水发莲子80克，甘蔗200克，木瓜200克

◉ 调料

红糖60克

🍲 **烹饪小提示**

木瓜不宜煮太久，以免煮得太软烂，影响口感；银耳泡发后应将尾部去除，更容易煮烂。

火龙果芦荟糖水

难易度：★☆☆☆☆　　📖 3人份

🌀 原料

火龙果300克，芦荟50克，桂圆肉30克

🍱 调料

冰糖20克

✏️ 做法

1.将清洗干净的火龙果去皮，切块，再切成小块。2.将清洗干净的芦荟去皮，再切成小块，备用。3.砂锅中注入适量清水烧热，倒入桂圆肉、火龙果、芦荟。4.盖上盖，用小火煮约20分钟至食材熟透。5.揭开盖，放入冰糖，拌匀，续煮约半分钟至其溶化，盛出煮好的甜汤即可。

川贝甘蔗汤

难易度：★☆☆☆☆　　📖 2人份

🌀 原料

川贝10克，知母20克，甘蔗200克

🍱 调料

冰糖35克

✏️ 做法

1锅中注入适量清水烧开，倒入清洗干净的川贝、知母、甘蔗。2.盖上锅盖，烧开后改用小火炖20分钟，至食材析出有效成分。3.揭开锅盖，放入备好的冰糖，拌匀，略煮片刻，至冰糖溶化。4.关火后盛出煮好的汤料，装入备好的碗中即可。

做法

❶ 将洗净的银耳切成小块，洗净去皮的雪莲果切小块。

❷ 开水锅中，倒入切好的银耳、雪莲果。

❸ 放入百合、枸杞，煮沸后用小火煮约20分钟，至食材熟软。

❹ 揭开盖子，倒入备好的冰糖，搅拌匀。

❺ 转大火续煮片刻，至糖分完全溶化；关火后盛出煮好的甜汤即成。

烹饪时间
Times
22分钟

雪莲果百合银耳糖水

难易度：★☆☆☆☆　　🍴 2人份

🔘 原料

水发银耳100克，雪莲果90克，百合20克，枸杞10克

🔘 调料

冰糖40克

🔘 烹饪小提示

雪莲果切开和去皮后，暴露在空气中容易氧化变色，将去皮切开的雪莲果放在清水中浸泡，可防止氧化变色。

白芍炖梨

难易度：★☆☆☆☆　　👥 2人份

烹饪时间
Times
43分钟

🥄 原　料

梨200克，白芍3克，麦冬5克，西洋参2克

🍶 调　料

冰糖少许

🍵 烹饪小提示

为使药材更好地析出有效成分，可先将白芍、麦冬、西洋参放在清水中浸泡一会儿。

🔪 做　法

❶ 洗净去皮的梨切成瓣，去核，切成小块，备用。

❷ 热水锅中，倒入备好的白芍、麦冬以及西洋参。

❸ 再放入切好的梨块，盖上锅盖，用大火煮半小时。

❹ 揭盖，倒入备好的冰糖，煮至溶化；关火后盛出甜汤即可。

烹饪时间
Times
90 分钟

夏枯草黑豆汤

难易度：★☆☆☆☆　　　🍲 3人份

🥘 原 料

水发黑豆300克，夏枯草40克

🧂 调 料

冰糖30克

✏ 做 法

1.锅中注入适量清水烧开，倒入备好的黑豆、夏枯草，搅拌片刻。2.盖上锅盖，煮开后转小火煮1个小时至食材析出有效成分。3.掀开锅盖，倒入冰糖；盖上锅盖，续煮30分钟使食材入味。4.掀开锅盖，持续搅拌片刻；将汤盛出装入碗中，即可饮用。

胖大海薄荷玉竹饮

难易度：★☆☆☆☆　　　🍲 1人份

🥘 原 料

胖大海15克，玉竹12克，薄荷8克

🧂 调 料

冰糖30克

✏ 做 法

1.砂锅中注入适量清水烧开。2.倒入洗净的胖大海、玉竹、薄荷，搅拌均匀。3.盖上锅盖，烧开后改用小火续煮约15分钟，至药材析出有效成分。4.揭开锅盖，放入备好的冰糖。5.搅拌均匀，煮至冰糖完全溶化。6.关火后将煮好的甜汤盛出，装入碗中即可。

烹饪时间
Times
16 分钟

烹饪时间
Times
37分钟

芋头西米露

难易度：★☆☆☆☆　　　2人份

原料

去皮芋头150克，西米60克

调料

白砂糖10克

做法

❶ 洗净的芋头切开，切成厚片，再切粗条，改切成块。

❷ 开水锅中，倒入西米，煮至成半透明状，再放入凉水中。

❸ 开水锅中，倒入芋头，煮至芋头熟软。

❹ 加入白糖，搅拌至溶化；关火后盛入碗中。

❺ 捞出凉水中的西米，放入芋头汤碗中即可。

烹饪小提示

芋头的黏液中含有皂甙，会刺激皮肤引起瘙痒，生剥芋头皮时需小心，可以倒点醋在手中，搓一搓再削皮。

山楂茯苓薏米茶

难易度：★☆☆☆☆　　 👥 1人份

🔊 **原 料**

> 山楂15克，薏米20克，茯苓10克，鸡内
> 金6克

🍶 **调 料**

> 白糖5克

烹饪时间
Times
22分钟

💡 **烹饪小提示**

煮茶前，可先将药材在清水中浸泡一会儿，以除去杂质；把药材装入药袋后再煮，这样更方便饮用。

🥢 **做 法**

❶ 洗净的山楂去蒂，切开，去核，再切成小块，备用。

❷ 开水锅中，倒入备好的茯苓、薏米、鸡内金、山楂，搅拌匀。

❸ 盖上盖，用小火煮约20分钟至药材析出有效成分。

❹ 揭开盖，加入少许白糖，煮至溶化；关火后盛出即可。

做法

1 洗净去皮的紫薯对半切开，切成条，再改切成丁，备用。

2 开水锅中，加食粉、银耳，煮2分钟；捞出。

3 锅中注水烧开，放入备好的紫薯。

4 倒入鲜百合、银耳，拌匀，用小火炖15分钟。

5 加入白糖、水淀粉，用勺搅至汤汁黏稠；关火后，盛出即可。

烹饪时间
Times
18分钟

紫薯百合银耳羹

难易度：★☆☆☆☆　　🍚 3人份

原料

水发银耳180克，鲜百合50克，紫薯120克

调料

白糖15克，水淀粉10毫升，食粉适量

🍲 烹饪小提示

紫薯刚下锅时感觉水有点变蓝，是因为锅中水分较多，紫薯颜色较淡所以看起来有点蓝，是正常现象。

香菇柿饼山楂汤

难易度：★☆☆☆☆　　🍽 2人份

◎ 原 料

鲜香菇45克，山楂90克，柿饼120克

◎ 调 料

冰糖30克

烹饪时间
Times
12分钟

🍲 烹饪小提示

鲜香菇在温水中浸泡一会，然后用手顺时针搅拌，让香菇的菌褶张开，沙粒会随之落下沉入水底。

✍ 做 法

❶ 洗净的山楂切开，去核，切成小块；洗好的香菇切成丁。

❷ 洗净的柿饼切成小块，备用。

❸ 开水锅中，倒入山楂、香菇、柿饼，煮至柿饼熟软。

❹ 加入适量冰糖，续煮一会儿至冰糖溶化；关火后盛出即可。

白果杏仁银耳羹

难易度：★☆☆☆☆　　🍴 2人份

🍲 原 料
杏仁30克，水发银耳250克，白果10粒

🥄 调 料
白糖20克

⏲ 做 法
1.砂锅中注入适量清水烧开，倒入洗净切好的银耳，用勺搅拌均匀。2.盖上盖子，用大火煮开后转小火续煮40分钟至熟透。3.揭开盖，放入备好的杏仁、白果；再次盖上盖，续煮20分钟至食材熟软。4.揭盖，倒入白糖，拌匀至白糖溶化；关火后盛出即可。

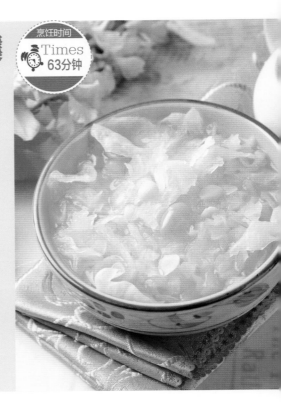

山楂藕片

难易度：★☆☆☆☆　　🍴 2人份

🍲 原 料
莲藕150克，山楂95克

🥄 调 料
冰糖30克

⏲ 做 法
1.将洗净去皮的莲藕切成片。2.洗好的山楂切开，去除果核，再把果肉切成小块，备用。3.锅中注入适量清水烧开，放入藕片、山楂，煮沸后用小火炖煮约15分钟，至食材熟透。4.倒入冰糖，快速搅拌匀，用大火略煮，至冰糖溶入汤汁中。5.关火，盛出煮好的甜汤即成。

做 法

1 将洗好的银耳切成小块，备用。

2 取榨汁机，倒入石榴果肉，加入少许矿泉水，榨取石榴汁。

3 开水锅中，放入莲子、银耳，烧开后用小火炖至食材熟软。

4 倒入石榴汁，加入适量白糖，拌匀，续煮至白糖溶化。

5 淋入适量水淀粉；关火后盛出即可。

烹饪时间
Times
35 分钟

石榴银耳莲子羹

难易度：★☆☆☆☆　　🍴 3人份

⊘ 原 料

石榴果肉120克，水发银耳150克，水发莲子80克

⊖ 调 料

白糖5克，水淀粉10毫升

⊙ 烹饪小提示

银耳需要把黄色根部切除干净，不然影响口感和味道；夏天饮用此羹，可先冰镇后再食用，口感更好。

芦笋马蹄藕粉汤

难易度：★☆☆☆☆　　🍲 2人份

◎ 原 料

芦笋40克，马蹄肉50克，藕粉30克

烹饪时间
Times
11 分钟

◎ 烹饪小提示

莲藕切好后放入清水中泡一会儿，能使煮熟的藕片口感更佳；炖煮此汤中途应不时搅拌，以防食材粘锅。

✍ 做 法

❶ 把备好的藕粉装入碗中，加入少许清水，搅匀待用。

❷ 洗净的芦笋切成段；洗好的马蹄肉切成小块，备用。

❸ 开水锅中，倒入芦笋、马蹄，搅拌均匀，用中火煮至熟。

❹ 倒入调好的藕粉，转大火煮至汁水浓稠；关火后盛出即可。

✒ 做法

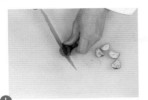

❶ 洗净的山楂切开，去核，再切小块，备用。

❷ 开水锅中，倒入备好的红枣、桂圆肉、枸杞、山楂，搅拌匀。

❸ 盖上盖，烧开后用小火煮至食材熟透。

❹ 揭盖，放入适量白糖，快速搅拌均匀。

❺ 续煮片刻，至白糖溶化；关火后盛出即可。

山楂桂圆红枣茶

难易度：★☆☆☆☆　　🚹 2人份

烹饪时间 Times 20分钟

🍎 原 料

鲜山楂100克，红枣30克，桂圆肉20克，枸杞8克

🍱 调 料

白糖20克

💬 烹饪小提示

先将山楂、红枣清洗后用水泡一会儿，以减少杂质；山楂较酸，可以适量多加些白糖调味。

枇杷糖水

难易度：★☆☆☆☆　　👥 2人份

烹饪时间
Times
11分钟

🍴 原　料

枇杷160克

🥄 调　料

冰糖30克

🍵 烹饪小提示

枇杷果核的白膜有苦味，因此要去尽，以免影响口感；可以用少许蜂蜜代替冰糖，止咳润肺效果更佳。

🥢 做　法

❶ 去皮洗净的枇杷去除头尾，切开去核，切成小瓣，备用。

❷ 砂锅中注入适量清水烧开，倒入切好的枇杷，搅拌匀。

❸ 盖上盖，烧开后用小火煮约10分钟，至食材析出有效成分。

❹ 揭开盖，倒入冰糖，略煮至其溶化；关火后盛出即可。

⚙ 做法

❶ 洗净的芒果取果肉，切小块，备用。

❷ 将黑米放入置于蒸锅的蒸碗内，用中火蒸至熟软，取出。

❸ 汤锅置火上，倒入椰汁，加入少许白糖，略煮至白糖溶化。

❹ 将放凉的黑米放入模型中，做好形状。

❺ 再扣在碗中间，盛入汤锅中的椰汁，最后点缀上芒果块即成。

烹饪时间
Times
22分钟

椰汁黑米芒果捞

难易度：★★☆☆☆　　👤 3人份

🍠 原 料

水发黑米170克，芒果80克，椰汁180毫升

🍶 调 料

白糖适量

🍵 烹饪小提示

黑米不易煮烂，应将黑米洗净后浸泡一个晚上，以软化黑米外壳；椰汁本身具有甜味，可减少白糖的量。

马蹄藕粉

难易度：★★☆☆☆　　👥 2人份

烹饪时间
Times
2分钟

🍴 原 料

马蹄肉85克，西蓝花70克，藕粉60克

🍲 烹饪小提示

煮制马蹄的时间可长一点，以确保熟烂，更利于吸收；藕粉易粘锅，煮制时应不停地搅拌。

✏️ 做 法

❶ 开水锅中，放入西蓝花，煮至断生后捞出，装盘备用。

❷ 将去皮洗净的马蹄肉拍碎，剁成末；将西蓝花切碎，剁成末。

❸ 开水锅中，放入马蹄、西蓝花，用小火煮沸。

❹ 倒入适量藕粉，用大火烧开；盛出煮好的马蹄藕粉即可。

枸杞桂圆党参汤

难易度：★☆☆☆☆　　🍲 1人份

原 料

党参10克，桂圆肉20克，枸杞8克

调 料

冰糖20克

做 法

1.锅中注入适量清水烧开，放入备好的党参、枸杞、桂圆肉，搅拌匀。2.盖上锅盖，烧开后转小火煮约20分钟。3.揭开锅盖，放入备好的冰糖，搅匀，煮至冰糖溶化。4.再盖上锅盖，续煮3分钟至食材入味。5.关火后盛出煮好的汤料，装入碗中即可。

烹饪时间
Times
25 分钟

雪梨芒果酱

难易度：★☆☆☆☆　　🍲 2人份

原 料

雪梨120克，芒果65克，柠檬汁40毫升

调 料

白糖4克

做 法

1.洗净去皮的雪梨切开，去核，切成丁，备用。2.洗好的芒果切开，去核，去皮，将果肉切丁，备用。3.热水锅中，倒入芒果，再放入雪梨，拌煮至食材熟软。4.倒入柠檬汁、白糖，煮至白糖完全溶化；关火，将煮好的甜汤盛入碗中即可。

烹饪时间
Times
3 分钟

桂圆枣仁芡实汤

难易度：★☆☆☆☆　　👥 2人份

烹饪时间
Times
42分钟

🥄 原 料

水发芡实140克，酸枣仁15克，桂圆肉
20克

🍶 调 料

冰糖20克

💬 烹饪小提示

芡实泡好后最好再清洗一遍，这样汤
汁的味道会更好；在煮汤之前，最好
先将酸枣仁、桂圆肉浸泡一会儿。

🔪 做 法

❶ 砂锅中注入适量清水烧热。

❷ 倒入洗净的芡实，放入备好的酸枣仁、桂圆肉，拌匀。

❸ 盖上盖，烧开后用小火煮约40分钟至食材析出有效成分。

❹ 揭盖，加入少许冰糖，中火煮至溶化；关火后盛出即成。

做法

❶ 把藕粉装入碗中，加入少许清水，搅匀待用。

❷ 洗净的芒果切开，取出果肉，再切成小块。

❸ 开水锅中，倒入芒果，用大火略煮一会儿，至汁水沸腾。

❹ 加入少许白糖，快速搅拌匀，煮至溶化。

❺ 倒入调好的藕粉，搅匀，关火后盛出煮好的汤料，装入碗中即可。

烹饪时间
Times
2分钟

芒果藕粉

难易度：★☆☆☆☆　　 2人份

原料

芒果130克，藕粉60克

调料

白糖少许

烹饪小提示

将芒果煮汁后，可直接用芒果沸汤冲调藕粉，这样可避免煮藕粉时粘锅。

雪梨山楂百合汤

难易度：★☆☆☆☆　　👥 1人份

🍴 原 料

雪梨120克，山楂10克，水发百合15克

🥄 调 料

白糖少许

烹饪时间
Times
17分钟

🥣 烹饪小提示

百合可先焯煮一会儿，这样能减轻其苦涩味；山楂洗净后再在水中浸泡一会儿，能更好地去除杂质。

✏ 做 法

❶ 洗净的雪梨去皮，切开，去核，把果肉切成小块，备用。

❷ 砂锅中注水烧开，倒入备好的山楂、百合、雪梨，拌匀。

❸ 盖上盖，大火煮开后转小火续煮15分钟，至食材熟软。

❹ 揭盖，加入白糖，拌煮至溶化，关火后盛出煮好的甜汤即可。

烹饪时间
Times
5分钟

马蹄椰奶汤圆

难易度：★☆☆☆☆　　　4人份

🐷 原 料
小汤圆140克，马蹄肉160克

🥄 调 料
椰奶400毫升

🍳 做 法
1.将清洗干净的马蹄肉切开，再切小块，备用。2.锅置火上，倒入备好的椰奶，用大火略煮一会儿。3.待汁水沸腾，倒入切好的马蹄肉，搅散。4.再放入备好的小汤圆，用中火煮约3分钟，至其熟透。5.关火后盛出煮好的汤圆，装入碗中即成。

芦荟雪梨粥

难易度：★☆☆☆☆　　　3人份

🐷 原 料
水发大米180克，芦荟30克，雪梨170克

🥄 调 料
白糖适量

🍳 做 法
1.将洗净去皮的雪梨切开，去核，把果肉改切小块，备用。2.洗好的芦荟切开，取果肉，再切小段，备用。3.热水锅中，倒入大米，用小火煮至米粒变软。4.倒入芦荟、雪梨块，续煮至食材熟透。5.加入少许白糖，用中火煮至溶化；关火后盛出即成。

烹饪时间
Times
47分钟

烹饪时间
Times
2分钟

藕粉糊

难易度：★☆☆☆☆　　👤 1人份

🍥 原 料

藕粉120克

🍲 烹饪小提示

藕粉不能直接倒入热水锅中，否则容易结成块；用热水直接冲调藕粉，也可使藕粉晶莹剔透。

🥄 做 法

❶ 将备好藕粉倒入碗中，加入少许清水。

❷ 搅拌匀，调成藕粉汁，待用。

❸ 砂锅置于火上，注入适量清水烧开。

❹ 将调好的藕粉汁倒入锅中，边倒边搅拌，至其呈糊状。

❺ 用中火略煮片刻；关火，盛出煮好的藕粉糊即可。

南瓜百合莲藕汤

难易度：★☆☆☆☆　　🈺 4人份

烹饪时间
Times
30分钟

⊙ 原料

南瓜300克，莲藕200克，鲜百合40克

⊙ 调料

冰糖70克

◎ 烹饪小提示

如果选择的南瓜本身较甜，可以适量少放些冰糖；此汤不宜久煮，以免营养成分的流失。

✎ 做法

❶ 将洗净去皮的莲藕、切成丁，洗净的南瓜切成丁，备用。

❷ 砂锅中注入适量清水烧开，放入莲藕丁、南瓜丁。

❸ 盖上盖子，烧开后改用小火炖20分钟，至食材熟透。

❹ 放入百合，加入适量冰糖，拌煮至冰糖溶化，盛出汤料即可。

百合葡萄糖水

难易度：★☆☆☆☆　　　👥 2人份

烹饪时间
Times
11分30秒

🍵 原 料

葡萄100克，鲜百合80克

🍶 调 料

冰糖20克

🔘 烹饪小提示

刚买回来的葡萄应先用水浸泡一下，以除去残留的农药；
用刀将葡萄的表皮轻轻划几刀，去皮时会更容易一些。

✒ 做 法

1 将洗净的葡萄剥去果皮，待用。

2 锅中注水烧开，倒入洗净的百合，放入备好的葡萄，拌匀。

3 煮沸后转小火煮至食材析出营养物质。

4 倒入冰糖，大火续煮至糖分完全溶化。

5 续煮片刻，关火，盛出煮好的葡萄糖水，装入汤碗中即成。

豆奶南瓜球

难易度：★☆☆☆☆　　🍴 4人份

烹饪时间
Times
22分钟

🥄 原 料

黑豆粉150克，南瓜300克，牛奶200毫升

🫙 调 料

白糖适量

⊙ 烹饪小提示

南瓜本身就有甜味，糖不要放太多；牛奶容易粘锅，不时的搅拌，既能防止粘锅，也可使其更好地融合。

✏ 做 法

❶ 洗净去皮的南瓜去瓤，用挖球器挖成球状，备用。

❷ 开水锅中，倒入南瓜球，用大火煮约20分钟至其熟软，捞出。

❸ 将牛奶倒入砂锅中，再倒入黑豆粉，搅拌均匀，续煮20分钟。

❹ 加入少许白糖，煮至溶化；关火后将煮好的豆奶盛出即可。

罗汉果银耳炖雪梨

难易度：★☆☆☆☆　　🍚 3人份

烹饪时间
Times
21分钟

🐷 原 料

罗汉果35克，雪梨200克，
枸杞10克，水发银耳120克

🧂 调 料

冰糖20克

🍲 烹饪小提示

罗汉果本身带有甜味，因此可以少放些冰糖；罗汉果煮熟
后易产生药渣，可将煮完罗汉果的汁水滤过后再用。

🔪 做 法

❶ 将洗好的银耳切小块；
雪梨去核，切成丁。

❷ 砂锅中注入适量清水烧
开，放入洗好的枸杞、
罗汉果。

❸ 倒入雪梨、银耳，小火
炖至食材熟透。

❹ 揭开盖，放入适量冰
糖，拌匀。

❺ 略煮片刻，至冰糖溶
化；关火，盛出煮好的
甜汤即可。

烹饪时间
Times
5分钟

月季玫瑰红糖饮

难易度：★☆☆☆☆　　🍴 1人份

🍄 **原 料**

干玫瑰花12克，陈皮15克，干月季花少许

🍶 **调 料**

红糖15克

🥄 **做 法**

1.取一个干净的茶杯，倒入清洗干净的干玫瑰花、陈皮、干月季花。2.撒上少许红糖，再往杯中倒入适量开水，至八九分满即可。3.盖上杯盖，浸泡约3分钟，至食材营养成分析出。4.揭盖，稍凉后即可饮用。

阿胶固元饮

难易度：★☆☆☆☆　　🍴 2人份

🍄 **原 料**

黑芝麻粉40克，核桃粉30克，阿胶20克，红枣碎15克

🍶 **调 料**

冰糖30克，黄酒150毫升

🥄 **做 法**

1.取一碗，加入核桃粉、冰糖、红枣碎、黑芝麻粉、黄酒，搅拌均匀。2.再放入阿胶，拌匀待用。3.蒸锅中注入适量清水，置于火上烧热，放入拌好的食材。4.盖上盖，大火蒸20分钟后转小火蒸2小时至食材熟透。5.关火后取出蒸好的食材，倒入碗中即可。

烹饪时间
Times
143分钟

人参橘皮汤

难易度：★☆☆☆☆　　📖 1人份

烹饪时间
Times
16分钟

○ 原　料

橘子皮15克，人参片少许

○ 调　料

白糖适量

☺ 烹饪小提示

人参应先用清水浸泡一会儿再煮，能更好地析出其药效；橘皮也应提前泡上半小时。

✍ 做 法

❶ 洗净的橘皮切成细丝，待用。

❷ 砂锅注水烧开；倒入人参片、橘子皮，搅拌均匀。

❸ 烧开后转用小火煮15分钟至药材析出有效成分。

❹ 加少许白糖；搅拌均匀；关火后将煮好的药汤盛入碗中即可。

做 法

❶ 洗净去皮的雪梨切瓣，去核，切成小块。

❷ 洗好的枇杷切去头尾，去皮，果肉切成小块。

❸ 将备好的蜜枣对半切开，备用。

❹ 热水锅中，放入蜜枣、枇杷、雪梨，烧开后续煮约20分钟。

❺ 倒入冰糖，用大火煮至冰糖溶化；关火后盛出煮好的甜汤即可。

烹饪时间 Times 21分钟

蜜枣枇杷雪梨汤

难易度：★☆☆☆☆　　👥3人份

🥄原 料

雪梨240克，枇杷100克，蜜枣35克

🍶调 料

冰糖30克

◎ 烹饪小提示

枇杷切好后用淡盐水泡约10分钟，不仅能去除涩味，也可防止其氧化变黑；枇杷核上的白膜也应去除。

川贝枇杷汤

难易度：★☆☆☆☆　　1人份

烹饪时间
Times
23分钟

🍽 原料

枇杷40克，雪梨20克，川贝10克

🥣 调料

白糖适量

🍲 烹饪小提示

川贝可润肺止咳，但过量则伤阳气助湿，导致脾胃虚寒，应酌量食用；枇杷皮有点涩口，可将它去除后再烹。

🔪 做法

❶ 洗净去皮的雪梨切瓣，去核，改切成小块，备用。

❷ 洗净的枇杷去蒂，切开，去核，再切成小块，备用。

❸ 开水锅中，倒入枇杷、雪梨和川贝，用小火煮至食材熟透。

❹ 倒入少许白糖，煮至溶化；盛出，装入碗中即可。

✿ 做法

① 砂锅中注入适量清水，置于火上，大火煮至水沸腾。

② 倒入备好的牛蒡子、桔梗、胖大海，拌匀。

③ 盖上盖，用大火煮至药材析出有效成分。

④ 揭盖，捞出牛蒡子、桔梗、胖大海。

⑤ 放入少许冰糖，搅匀，煮至溶化；关火后盛出即可。

烹饪时间
Times
22分钟

牛蒡子桔梗糖水

难易度：★☆☆☆☆　　🍴 1人份

🥗 原料

牛蒡子5克，桔梗3克，胖大海1克

🍶 调料

冰糖适量

🍵 烹饪小提示

食材在煮之前，应在水中浸泡一会儿，去除杂质；此汤品宜用小火煮，这样更易析出有效成分。

茯苓雪梨饮

难易度：★☆☆☆☆　　　👤 1人份

烹饪时间
Times
27分钟

🍲 **原料**

雪梨150克，茯苓20克，杏仁10克，甘草5克，款冬花8克

🧂 **调料**

白糖6克

💬 **烹饪小提示**

雪梨果肉与果皮同煮，不仅能保留很多营养物质，还有润肤的作用；煮好的雪梨汤可放入冰箱冷藏后再饮用。

🥄 **做法**

① 洗净的雪梨去皮，切开，去核，再切成小块，备用。

② 开水锅中，倒入茯苓、杏仁、甘草、款冬花，煮约15分钟。

③ 倒入切好的雪梨，用小火续煮约10分钟至食材熟透。

④ 倒入少许白糖，煮至溶化；关火后盛出煮好的汤料即可。

绿豆燕麦红米糊

难易度：★☆☆☆☆　　3人份

◎ 原 料

水发红米220克，水发绿豆160克，燕麦片75克

◎ 做 法

1.取出豆浆机，倒入清洗干净的红米、绿豆、燕麦片，注入适量的清水，至水位线即可。

2.盖上豆浆机机头，选择"米糊"功能键，再点击"启动"。3.待豆浆机运转约35分钟，即成米糊。4.断电后取下机头。5.倒出煮好的米糊，装入备好的小碗中，待其稍微冷却后即可食用。

橘子糖水

难易度：★☆☆☆☆　　1人份

◎ 原 料

橘子30克

◎ 调 料

冰糖15克

◎ 做 法

1.砂锅中注入适量的清水，用大火烧热，倒入备好的橘子。2.盖上锅盖，烧开后转用小火续煮约5分钟。3.揭开锅盖，倒入适量冰糖。4.用勺子搅拌均匀，煮至冰糖完全溶化。5.关火后盛入碗中即可。

红米绿豆银耳羹

难易度：★☆☆☆☆　　🥘 4人份

烹饪时间
Times
45分钟

🍴 原 料

水发银耳230克，水发绿豆
200克，水发红米100克

🥄 调 料

白糖6克

🍲 烹饪小提示

绿豆泡发的时间不宜过长，以免长芽；烹煮此羹的时间可
适当加长一些，这样成品的口感会更佳。

🔪 做 法

❶ 砂锅置于火上，注入适量清水，用大火烧热。

❷ 倒入洗净的红米、绿豆，放入备好的银耳，搅散。

❸ 盖上盖，烧开后转小火煮至食材熟透。

❹ 揭盖，撒上白糖，拌匀，煮至糖分溶化。

❺ 关火，将煮好的银耳羹盛入碗中即可。

冰糖莲藕茶

难易度：★☆☆☆☆　　👤 1人份

烹饪时间
Times
22分钟

🍲 原　料

莲藕160克

🍶 调　料

冰糖适量，盐2克，料酒4毫升，水淀粉10毫升

🍵 烹饪小提示

莲藕切好片后，应放入清水中华浸泡，以防氧化变成褐色，也不宜用铁锅煮，以免变黑，影响成品美观。

🍳 做　法

❶ 洗净的莲藕切薄片，备用。

❷ 砂锅置于火上，放入藕片，注入适量清水，拌匀。

❸ 盖上锅盖，烧开后用小火煮约20分钟。

❹ 揭盖，撒上冰糖，拌匀，中火煮至溶化；关火后盛出即成。

核桃露

难易度：★★☆☆☆　　🍚 1人份

🐷 原 料

核桃仁30克，红枣40克，
米粉65克

🍶 调 料

食粉1克

🕐 烹饪时间
Times
3分钟

🍵 烹饪小提示

应选用饱满、色泽黄白、油脂丰富、无油臭味且味道清香
的核桃仁；煮制时，需不停在汤锅中搅拌，以免糊锅。

✍ 做 法

❶ 开水锅中，放入核桃
仁、食粉，煮至熟，捞
出，待用。

❷ 洗净的红枣切开，去
核，把枣肉切成粒。

❸ 取榨汁机，倒入红枣、
核桃仁、适量的清水，
榨成汁。

❹ 将红枣核桃汁倒入汤锅
中，略煮。

❺ 加入适量米粉，略煮片
刻，将煮好的核桃露盛
入碗中即可。

Part 5

冬季喝甜汤，
滋补暖身

阵阵吹来的北风，逐渐让人开始感到冬季的寒意。冬季气温低，自然界生机闭藏蛰伏。中医学家依据《摄生消息论》关于"调其饮食，适其寒温"的论述，提出冬季饮食"三加一"，即保暖、御寒和防燥，附加一进补。冬季保暖自然无需多言，而选择什么样的食物更能符合冬季饮食的特点呢？翻动书本，秘密会随之为您揭晓。

黄芪红枣桂圆甜汤

难易度：★☆☆☆☆　　🍴 1人份

烹饪时间
Times
21分钟

🥘 原 料

黄芪15克，红枣25克，桂圆肉30克，枸杞8克

🥢 调 料

冰糖30克

🍲 烹饪小提示

红枣和桂圆肉味较甜，可根据个人口味，少放些冰糖；枸杞宜最后再放，避免煮得时间过长，营养流失。

✅ 做 法

❶ 砂锅置于火上，注入适量清水烧热。

❷ 依次倒入准备好的黄芪、红枣、桂圆肉、枸杞。

❸ 盖上盖，烧开后用小火煮20分钟，至食材析出营养成分。

❹ 揭盖，倒入冰糖，用勺搅拌均匀；煮至冰糖溶化，即可盛出。

红枣芋头汤

难易度：★☆☆☆☆　　🍴 2人份

🥢 原料

去皮芋头250克，红枣20克

🧂 调料

冰糖20克，清水适量

🍳 做法

1.洗净的芋头切厚片，切粗条，再改切成丁。2.砂锅中注入适量清水烧开，倒入切好的芋头，放入洗好的红枣。3.加盖，用大火煮开后转小火续煮15分钟至食材熟软。4.揭盖，倒入适量冰糖，搅拌至冰糖全部溶化。5.关火后盛出煮好的红枣芋头汤，装入碗中，待稍微放凉后即可饮用。

桂圆养血汤

难易度：★☆☆☆☆　　🍴 1人份

🥢 原料

桂圆肉30克，鸡蛋1个

🧂 调料

红糖35克

🍳 做法

1.将鸡蛋打入碗中，用筷子搅散。2.开水锅中，倒入备好的桂圆肉，用小火煮约20分钟，至桂圆肉熟。3.加入适量红糖，倒入打好的鸡蛋，一边倒一边搅拌。4.继续煮约1分钟，至汤入味。5.关火后盛出煮好的汤，装入碗中，待稍微放凉后即可饮用。

烹饪时间 Times 17 分钟

烹饪时间 Times 23 分钟

① 将红枣去核；糯米粉加水调成面团，待用。

② 取部分面团，制成面片，放入红枣，制成糯米枣生坯。

③ 锅中注水烧开，放入冰糖，边煮边搅拌。

④ 倒入生坯，用中火煮约3分钟，至食材熟透。

⑤ 关火后，盛出煮好的糯米枣，再撒上少许熟白芝麻即成。

烹饪时间
Times
5分钟

芝麻糯米枣

难易度：★☆☆☆☆ 1人份

原料

红枣30克，糯米粉85克

调料

冰糖25克，熟白芝麻少许

烹饪小提示

面团拌好后最好静置一会儿，以便糯米粉充分吸收水分，这样做出来的糯米枣黏性更好。

参莲汤

难易度：★☆☆☆☆　　　📷 1人份

🍶 原料

人参片10克，水发莲子90克

🍶 调料

冰糖25克

🌥 **烹饪小提示**

莲子泡发后可用牙签挑去莲心，能减轻甜汤的苦味；煲制此汤时，不宜选用铁锅、铝锅煎煮。

烹饪时间
Times
31 分钟

🍳 做法

❶ 开水锅中，放入备好的莲子、人参片。

❷ 盖上盖，用小火煮约30分钟至食材熟透。

❸ 揭开盖，放入冰糖，搅拌均匀。

❹ 续煮至冰糖溶化；将煮好的汤装入碗中即可。

奶香红薯西米露

难易度：★☆☆☆☆　　🍽 2人份

🥗 原料

红薯100克，牛奶200毫升，西米90克

🧂 调料

白糖适量

☁ 烹饪小提示

西米一定要等水开了以后再放，如果和冷水一同下锅煮，西米可能会化掉；红薯味甜，可根据个人口味少放糖。

🍳 做 法

1 洗净去皮的红薯切块，再切成条，改切成丁，备用。

2 开水锅中，倒入西米，用小火煮约20分钟。

3 加入切好的红薯，用勺搅拌均匀。

4 倒入牛奶，混合均匀，用小火再煮10分钟。

5 放入适量白糖，搅拌至其溶化，盛出，装入碗中即可。

桂圆酸枣芡实汤

难易度：★☆☆☆☆　　🍚 1人份

🌐 **原 料**

桂圆肉90克，酸枣仁15克，芡实50克

🍯 **调 料**

白糖20克

🕐 烹饪时间
Times
32分钟

🍲 **烹饪小提示**

芡实宜用小火慢煮，这样有利于析出其药性；煲制时可适当加点红枣同煮，营养更丰富，补益效果更好。

🥄 **做 法**

1 砂锅中注入适量的清水烧开，倒入洗净的芡实。

2 再放入洗好的桂圆肉、酸枣仁，用勺搅拌均匀。

3 盖上盖，烧开后用小火煮约30分钟至药材析出有效成分。

4 揭盖，加入白糖，拌匀，煮至溶化；盛出煮好的汤料即可。

烹饪时间
Times
3分钟

牛奶藕粉

难易度：★☆☆☆☆　　2人份

原 料

鲜牛奶300毫升，藕粉20克

烹饪小提示

煮的过程宜用小火，且要不断用勺搅拌，以免粘锅；可根据个人口味选择是否加糖食用。

做 法

1　把部分牛奶倒入备好的藕粉中，用勺搅拌匀，备用。

2　锅置火上，倒入余下的牛奶，煮开后关火，待用。

3　锅中倒入调好的藕粉，搅拌匀。

4　再次开火，煮约2分钟，搅拌匀至其呈现糊状。

5　关火后盛出煮好的糊，装入碗中，待稍微放凉后即可食用。

烹饪时间
Times
26 分钟

红枣荔枝桂圆糖水

难易度：★☆☆☆☆　　　🏠 1人份

🔵 原 料

红枣6克，荔枝干7克，桂圆肉12克

🔴 调 料

冰糖15克

✏️ 做 法

1.砂锅中注入适量清水烧开，倒入洗净的荔枝干、桂圆肉、红枣，用勺搅拌均匀。2.盖上盖，烧开后用小火煮约20分钟至全部食材熟软。3.揭开盖，加入适量冰糖，用勺搅拌均匀。4.再盖上盖，用小火续煮约5分钟至冰糖溶化。5.关火后，盛出煮好的糖水即可。

桂圆红枣藕粉羹

难易度：★☆☆☆☆　　　🏠 1人份

🔵 原 料

水发糯米60克，藕粉55克，红枣、桂圆肉各少许

🔴 调 料

冰糖30克

✏️ 做 法

1.把藕粉装入碗中，加入少许清水，搅匀，待用。2.热水锅中，倒入桂圆肉、红枣、糯米，搅匀。3.盖上锅盖，烧开后用小火煮约35分钟至其熟软。4.揭开盖，倒入冰糖，搅匀，煮至溶化。5.倒入藕粉，快速搅匀，使汤汁更浓稠；关火后盛出即可。

烹饪时间
Times
36 分钟

红豆红薯汤

难易度：★☆☆☆☆　　2人份

原料

水发红豆20克，红薯200克

调料

白糖4克

烹饪时间
Times
1 小时

烹饪小提示

泡红豆的水不要倒掉，用来煮这道甜品，红豆味道会更浓；红薯本身有甜味，因此白糖可以少放一些。

做法

❶ 将洗净去皮的红薯切成薄片，改切成丁，备用。

❷ 开水锅中，倒入洗净的红豆，煮开后转中小火煮40分钟至熟软。

❸ 倒入切好的红薯，调至小火，煮约15分钟至红薯熟透。

❹ 加入白糖，拌匀，煮至白糖完全溶化；关火后盛出即可。

做法

❶ 将洗净去皮的白萝卜切片，改切成丝，备用。

❷ 砂锅中注水烧开，倒入萝卜丝，搅散。

❸ 盖上盖，煮约10分钟至食材熟透。

❹ 再揭开盖，放入适量的冰糖，搅拌均匀。

❺ 煮至冰糖全部溶化；关火后，盛出煮好的白萝卜汤即可。

烹饪时间
Times
12分钟

白萝卜汤

难易度：★☆☆☆☆　　🍴 2人份

🥕 原料

白萝卜300克

🧂 调料

冰糖20克

🍲 烹饪小提示

白萝卜丝应切得粗细一致，这样口感更佳。白萝卜中的芥子油能促进胃肠蠕动，增加食欲，非常适合冬季食用。

做 法

① 蒸锅置火上烧开，放入紫薯块，用中火蒸至其熟软。

② 取出蒸好的紫薯块，放凉后切成丁。

③ 汤锅置火上，加牛奶、冰糖，拌匀，煮至糖分溶化。

④ 倒入西米、紫薯，小火煮15分钟至西米色泽通透。

⑤ 关火后盛出煮好的紫薯牛奶西米露，装入杯中即成。

紫薯牛奶西米露

烹饪时间 Times 28分钟

难易度：★☆☆☆☆　　2人份

原 料

紫薯块60克，牛奶95毫升，西米45克

调 料

冰糖适量

烹饪小提示

西米是淀粉质食物，所以在制作过程中要逐渐加入，不能一次加入，且需要不断搅拌，否则易成块且容易黏成团。

红豆红糖年糕汤

难易度：★☆☆☆☆　　🍚 1人份

🥘 原 料

红豆50克，年糕80克

🧂 调 料

红糖40克

烹饪时间
Times
32分钟

🍵 烹饪小提示

待水烧开后，把年糕慢慢放入锅内，同时用勺将其轻轻推开，朝同一方向略作搅动，使其旋转几圈，以免粘锅。

🥄 做 法

❶ 锅中注入适量清水烧开，倒入洗净的红豆，搅匀。

❷ 再盖上锅盖，用小火煮约15分钟，至红豆熟软。

❸ 揭开盖，倒入切好的年糕块，加入适量红糖，拌匀。

❹ 续煮15分钟至年糕熟软；关火后把煮好的甜汤盛入碗中即可。

① 将洗净的核桃仁、红枣切小块；把粘米粉制成生米浆。

② 将红枣蒸20分钟，至食材变软，取出待用。

③ 取榨汁机，放入核桃仁、红枣，榨汁。

④ 锅置火上，倒入汁水和生米浆、冰糖，煮成核桃露。

⑤ 开水锅中，放入汤圆生坯，煮至熟透；盛出，放入核桃露中即可。

汤圆核桃露

难易度：★☆☆☆☆ 🍽 2人份

⏱ 烹饪时间 Times 6分钟

🥗 原料

汤圆生坯200克，粘米粉60克，核桃仁30克，红枣35克

🧂 调料

冰糖25克

💡 烹饪小提示

锅内的沸水连续煮过两三次汤圆后，应及时换水，如果再继续使用下去，不但汤圆熟得慢，而且容易夹生。

芝麻糯米糊

难易度：★☆☆☆☆　　🍚 1人份

🎣 **原 料**

糯米粉30克，黑芝麻粉40克

🥢 **调 料**

陈皮2克，白砂糖15克

烹饪时间
Times
17分钟

📖 **烹饪小提示**

黑芝麻粉放入锅中煮的时候，一定要记得用同一个方向多搅拌，这样煮出来的糊才会细腻上劲。

✏️ **做 法**

❶ 将备好的糯米粉加入备有大半碗水的碗中，调匀。

❷ 清水锅中，放入陈皮，烧开后转小火煮至其析出有效成分。

❸ 加入备好的黑芝麻粉，加入白砂糖，搅拌至混合。

❹ 倒入调好的糯米粉，转中火煮约1分钟，至入味，盛出即可。

雪梨银耳牛奶

难易度：★☆☆☆☆　　🍴 2人份

烹饪时间 Times 37分钟

原料

雪梨120克，水发银耳85克，牛奶100毫升

调料

冰糖25克

做法

1.将去皮洗净的雪梨切开，去除果核，再切小块。2.热水锅中，倒入雪梨块，放入备好的银耳，拌匀。3.盖上盖，大火烧开后转小火煮约35分钟，至食材熟透。4.揭盖，注入牛奶，撒上冰糖，搅匀，转中火煮至糖分溶化。5.关火后盛出煮好的雪梨银耳甜汤，装在备好的碗中即可。

火龙果紫薯糖水

难易度：★☆☆☆☆　　🍴 2人份

原料

火龙果150克，紫薯100克

调料

冰糖15克

做法

1.将洗净的火龙果切成小块；洗净去皮的紫薯切成丁，备用。2.锅中注入适量清水烧开，放入紫薯丁，煮沸后用小火煮约15分钟，至其变软。3.倒入切好的火龙果果肉，加入少许冰糖。4.搅拌匀，用大火续煮约1分钟，至糖分溶化；关火后盛出煮好的紫薯糖水，待稍微冷却后即可饮用。

烹饪时间 Times 17分钟

雪耳灵芝蜂蜜糖水

难易度：★☆☆☆☆　　👥 1人份

 原 料

> 水发银耳100克，灵芝少许

调 料

> 蜂蜜适量

🕐 烹饪时间
Times
31 分钟

烹饪小提示

要想银耳汤黏稠，可先用大火煮开，再调成小火慢慢煮，直至汤汁变浓。另外，银耳要撕得小块一些。

做 法

❶ 洗好的银耳去除根部，改切成小块，装入碗中，备用。

❷ 砂锅中注入适量清水烧热，倒入灵芝，用小火煮约10分钟。

❸ 倒入切好的银耳，盖上盖，烧开后用小火煮约20分钟至熟。

❹ 揭开盖，倒入适量蜂蜜，搅匀；关火后盛出即可。

百合红枣桂圆汤

难易度：★☆☆☆☆　　👥 1人份

烹饪时间
Times
22分钟

🥬 原 料

鲜百合30克，红枣35克，桂圆肉30克

🍶 调 料

冰糖20克

💬 烹饪小提示

银耳要先用清水浸泡后再煮。冰糖可依据个人口味适量进行添加。可将冰糖换为红糖，更适合女性食用。

⏱ 做 法

❶ 砂锅中注入适量清水烧开，倒入洗好的红枣、桂圆肉、百合。

❷ 盖上盖，烧开后用小火煮约20分钟至食材熟软。

❸ 揭开盖，放入适量冰糖，搅拌均匀，煮至溶化。

❹ 关火后，将煮好的百合红枣桂圆汤盛出，装入碗中即可。

做法

❶ 洗净的芒果切开，去核，取出果肉，再切成小块，备用。

❷ 取榨汁机，倒入部分芒果丁，注入牛奶，榨取果汁。

❸ 开水锅中，倒入西米，烧开后用小火煮至熟软。

❹ 加入少许白糖，搅拌匀，煮至白糖溶化。

❺ 盛出西米，放入芒果汁中，点缀上余下的芒果丁即可。

烹饪时间 Times 32分钟

芒果奶香西米露

难易度：★☆☆☆☆　　🍴 3人份

原料

西米80克，芒果160克，牛奶150毫升

调料

白糖适量

🥄 烹饪小提示

煮西米时，保持水的沸腾很重要，这样西米才不会容易糊成一团。牛奶不宜煮得太久，以免破坏其营养。

调经补血汤

难易度：★☆☆☆☆　　2人份

原 料

水发银耳250克，红枣50克

调 料

白糖15克

做 法

1.泡好洗净的银耳切去黄色根部，改刀切成小块，装入碗中，备用。2.砂锅中注入适量清水烧开，倒入切好的银耳。3.加入洗好的红枣，用勺搅拌均匀，用大火煮开后转小火续煮约40分钟至食材熟软。4.加入适量白糖，拌匀至其全部溶化；关火后盛出煮好的汤料，待稍微放凉后即可饮用。

红糖小米粥

难易度：★☆☆☆☆　　3人份

原 料

小米400克，红枣8克，花生10克，瓜子仁15克

调 料

红糖15克

做 法

1.砂锅中注入适量的清水，用大火烧开，倒入备好的小米、花生、瓜子仁，拌匀。2.盖上锅盖，大火煮开后转小火煮20分钟。3.掀开锅盖，倒入红枣，搅匀；盖上锅盖，续煮5分钟。4.掀开锅盖，加入些许红糖，持续搅拌片刻。

5.将煮好的粥盛出装入碗中即可。

做法

❶ 砂锅中注入适量清水，用大火烧开。

❷ 放入备好的桂圆、白果，加入熟鸡蛋。

❸ 盖上盖，烧开后用小火煮约15分钟。

❹ 揭开盖，放入白糖，煮约半分钟至其溶化。

❺ 盛出煮好的甜汤，装入碗中，待稍微放凉后即可饮用。

桂圆白果甜汤

难易度：★☆☆☆☆　　　🍚 3人份

原料

桂圆肉300克，白果90克，熟鸡蛋2个

调料

白糖20克

烹饪小提示

白果要用水泡几个小时，再用清水煮开，这样白果才不会有苦味。还可以将白果先挑去果芯，以减轻苦味。

奶香芡实香芋羹

难易度：★☆☆☆☆　🧑‍🍳 3人份

🕐 **原 料**

芋头200克，南瓜120克，水发芡实80克，奶油40克

🍶 **调 料**

白糖适量

烹饪时间
Times
51 分钟

💬 **烹饪小提示**

干芡实最好用温水泡2~3小时再烹制，能更好地析出营养成分。如果是新鲜的芡实，本身就是软的，可不用煮太久。

🔪 **做 法**

❶ 洗净去皮的芋头、南瓜切成小丁，备用。

❷ 开水锅中，加入芡实，烧开后用小火煮约30分钟至其熟软。

❸ 倒入切好的芋头、南瓜，用小火煮约20分钟至其熟透。

❹ 加入白糖、奶油，搅拌至完全溶化；关火后盛出即可。

烹饪时间
Times
55 分钟

桂枣山药汤

难易度：★☆☆☆☆　　🍴 1人份

🥄 原 料

桂圆35克，红枣20克，山药100克

🥣 调 料

冰糖20克

✏️ 做 法

1.戴上一次性手套，把洗净的山药切厚片，改切小块，装入碗中，备用。2.锅中注入适量清水烧开，倒入备好的桂圆、红枣，煮约30分钟至熟。3.倒入切好的山药，续煮约20分钟至食材析出有效成分。4.加入适量冰糖，搅拌至溶化；关火后盛出煮好的汤料，待稍微放凉后即可饮用。

冰糖雪梨

难易度：★☆☆☆☆　　🍴 1人份

🥄 原 料

雪梨1个，红枣3颗

🥣 调 料

冰糖30克

✏️ 做 法

1.洗好的雪梨去皮切开，去核，切瓣，改刀切小块，装入碗中，备用。2.锅中注入适量清水烧开，倒入切好的雪梨、洗好的红枣，煮约20分钟至全部食材熟软。3.加入适量冰糖，搅拌至冰糖溶化，稍煮片刻。4.关火后盛出煮好的汤料即可。

烹饪时间
Times
25 分钟

香蕉牛奶甜汤

难易度：★☆☆☆☆　　📋 1人份

烹饪时间
Times
8分钟

🍳 **原料**

香蕉60克，牛奶少许

🫙 **调料**

白糖适量

😋 **烹饪小提示**

煮此汤时火不要太大，以免煮烂破坏口感。白糖可依据个人口味进行调整，也可以加入蜂蜜，口味会更好。

🔪 **做法**

❶ 香蕉去皮，再切成小块，备用。

❷ 开水锅中，将香蕉倒入锅中，用小火煮约7分钟。

❸ 揭开锅盖，倒入备好的牛奶。

❹ 加适量白糖，搅拌片刻至其溶化；盛出，装入碗中即可。

做法

❶ 将备好的柿饼切小块，装入碗中，备用。

❷ 洗净去皮的雪梨切开，去核，再切成丁。

❸ 开水锅中，放入柿饼块、雪梨丁。

❹ 煮沸后用小火煲煮约20分钟，至材料熟软。

❺ 加入冰糖调味，煮至糖分完全溶化；关火后盛出即成。

烹饪时间
Times
22分钟

冰糖雪梨柿子汤

难易度：★★☆☆☆　　　　2人份

原料

雪梨200克，柿饼100克

调料

冰糖30克

烹饪小提示

柿饼切开后去除核，这样食用时会更方便。煮梨的时候，水烧开后，用小火煮10分钟左右即可，时间不用太长。

益母草红豆汤

难易度：★☆☆☆☆　　👥 1人份

◎ 原 料

水发红豆90克，益母草少许

◎ 调 料

红糖10克

☁ 烹饪小提示

红豆不易熟，因此泡发的时间可久一点。益母草比较涩，放点红糖，味道会比较好，红糖可依个人口味添加。

✎ 做 法

❶ 砂锅中注水烧热，倒入备好的益母草、红豆，搅拌均匀。

❷ 盖上盖，烧开后用小火煮约35分钟至食材熟透。

❸ 揭盖，倒入适量红糖，拌匀，煮至红糖溶化。

❹ 捞出锅中的益母草，关火后盛出煮好的红豆汤即可。

✎ 做 法

❶ 将泡发洗好的银耳切去黄色蒂部，切成小块。

❷ 洗净的山竹切开，取出果肉，待用。

❸ 开水锅中，倒入银耳、枸杞，小火炖至汤汁浓稠。

❹ 倒入山竹肉，加入冰糖，用锅勺搅拌匀。

❺ 略煮至冰糖完全溶化；关火后盛出煮好的甜汤即可。

烹饪时间
Times
22 分钟

山竹银耳枸杞甜汤

难易度：★★☆☆☆ 🧍 1人份

◎ 原 料

水发银耳120克，山竹1个，枸杞15克

◎ 调 料

冰糖40克

◎ 烹饪小提示

本品具有滋阴润燥的功效，非常适合秋冬季节食用。这道甜汤如果是在夏天食用，可放入冰箱冷藏后再食用。

马蹄煮甜酒

难易度：★☆☆☆☆　　🍴 3人份

烹饪时间 Times 12分钟

🥬 原 料

醪糟400克，去皮马蹄30克

🫙 调 料

枸杞、蜂蜜各少许

🍳 做 法

1.清洗干净的马蹄切成厚片，装入碗中，备用。2.锅中注入适量清水，大火烧开，倒入备好的醪糟、切好的马蹄、泡过的枸杞，搅拌均匀。3.用大火煮约10分钟，至全部食材入味。4.关火后，倒入适量蜂蜜，用勺搅拌均匀。5.盛出煮好的马蹄甜酒，待稍微放凉后即可饮用。

牛奶杏仁露

难易度：★☆☆☆☆　　🍴 3人份

🥬 原 料

牛奶300毫升，杏仁50克

🫙 调 料

冰糖20克，水淀粉50毫升

🍳 做 法

1.砂锅中注入适量清水，大火烧开，倒入备好的杏仁，搅拌均匀。2.盖上盖，用大火煮开后转小火续煮15分钟至熟。

3.揭盖，加入冰糖，搅拌至溶化。4.倒入牛奶，用水淀粉勾芡。5.稍煮片刻，搅拌至浓稠状。6.关火，盛出煮好的甜汤即可。

烹饪时间 Times 23分钟

胖大海炖雪梨

难易度：★☆☆☆☆　　🍴 2人份

烹饪时间
Times
21 分钟

🍲 原 料

胖大海20克，雪梨185克

🍶 调 料

冰糖25克

🍳 烹饪小提示

雪梨可以用水浸泡两小时，这样上色更漂亮；砂锅中的水不要加太多，否则会稀释药性。

✍ 做 法

❶ 洗好的雪梨先切成瓣，再去除果核，切成丁，备用。

❷ 开水锅中，倒入胖大海，用小火炖至其析出有效成分。

❸ 倒入切好的雪梨，用小火续炖10分钟，至其熟透。

❹ 加入冰糖，至冰糖完全溶化；关火后盛出，即可食用。

竹荪银耳甜汤

难易度：★☆☆☆☆　　👥 2人份

🍲 原料

水发竹荪50克，水发银耳100克，枸杞10克

🍯 调料

冰糖40克

烹饪时间
Times
12分钟

🍳 烹饪小提示

竹荪要剪去头部和花网部分，避免影响口感。煮竹荪时可能会有浮沫，可以将浮沫捞出，这样会使甜汤更清甜。

🍴 做法

❶ 清洗干净的银耳，先切去黄色的根部，再切成小块。

❷ 洗净的竹荪先切成条，再切成小段。

❸ 砂锅中倒入适量清水烧开，放入竹荪、银耳。

❹ 再加冰糖、枸杞，小火煮10分钟至熟透。

❺ 再略煮片刻，搅至味道均匀；关火后盛出，即可食用。

龙眼枸杞党参茶

难易度：★☆☆☆☆　　🕐 1人份

烹饪时间
Times
21分钟

🔅 原 料

桂圆肉20克，枸杞8克，党参15克

🖐 调 料

冰糖30克

🍲 烹饪小提示

桂圆肉可先用温水泡发，这样可以缩短煮的时间。本品具有很高的食疗作用，非常适合秋冬季养生。

🔪 做 法

❶ 砂锅中注入适量清水，用大火烧开。

❷ 锅中放入清洗干净的桂圆肉、枸杞、党参，搅拌均匀。

❸ 盖上锅盖，用小火煮约20分钟，至全部食材熟透。

❹ 放入备好的冰糖，煮至冰糖溶化；关火后盛出即可。

烹饪时间
Times
18分钟

桂圆红枣山药汤

难易度：★☆☆☆☆　　👥 1人份

🍲 原料

山药80克，红枣30克，桂圆肉15克

🍶 调料

白糖适量

💡 烹饪小提示

可以在红枣上切一道小口，能让红枣的营养成分更容易析出。因为红枣与桂圆都有甜味，所以冰糖可以少放点。

🔪 做法

① 将洗净去皮的山药先切开，再切成条，最后改切成丁。

② 锅中注水烧开，倒红枣、山药，搅拌均匀。

③ 倒桂圆肉，烧开后小火煮15分钟至食材熟透。

④ 加入少许白糖，搅拌片刻至食材入味。

⑤ 关火后将煮好的甜汤盛出，装入备好的碗中，即可饮用。

绞股蓝麦冬雪梨甜汤

难易度：★★☆☆☆　　📑 1人份

烹饪时间
Times
17分钟

🔾 原 料

绞股蓝6克，麦门冬8克，雪梨100克

🔾 调 料

冰糖20克

◎ 烹饪小提示

雪梨含糖分较高，冰糖不宜过量；若不喜欢吃绞股蓝、麦冬，可将其放入纱袋中同煮，食用前拿出即可。

🥢 做 法

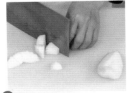

❶ 清洗干净的雪梨切成瓣，去核，切成丁，备用。

❷ 锅中注入清水烧开，倒入绞股蓝、麦门冬、雪梨，搅匀。

❸ 用小火煮15分钟；放入备好的冰糖，煮至冰糖溶化。

❹ 继续搅拌片刻；关火后盛出煮好的甜汤，装入碗中即可。

番薯蜂蜜银耳羹

烹饪时间 Times 22分钟

难易度：★☆☆☆☆　　👤 1人份

原料

红薯70克，银耳40克，枸杞少许

调料

蜂蜜、水淀粉各适量

🍳 烹饪小提示

蜂蜜经高温会破坏其营养成分，所以蜂蜜可以在汤汁稍微冷却后再放入；番薯先用清水浸泡，会更加清甜香滑。

做法

1 洗净去皮的红薯先切开，再切成小块，装盘备用。

2 泡发洗净的银耳切去黄色根部，切成小块。

3 开水锅中，倒入红薯、银耳，大火煮20分钟。

4 倒入枸杞，倒入适量水淀粉，搅拌片刻。

5 加入少许蜂蜜，搅拌至汤水浓稠；将汤羹盛出即可。

补血糖水

难易度：★☆☆☆☆　　👤 1人份

烹饪时间
Times
32 分钟

🍲 原 料

红豆60克，花生米85克，红枣15克

🧂 调 料

红糖适量

💧 烹饪小提示

洗好的材料先用清水再泡一会儿，这样不仅能有效减少杂质，还能加快材料析出有效成分，缩短烹饪的时间。

🔪 做 法

❶ 将红豆、花生米、红枣放入清水中洗净，沥干水分，待用。

❷ 砂锅置火上，倒入洗好的材料，注入适量清水。

❸ 盖上盖，烧开后用小火煮约30分钟，至食材熟透。

❹ 揭盖，加入红糖，煮至溶化；关火后盛出即可。

红枣牛奶饮

难易度：★☆☆☆☆　　2人份

烹饪时间
Times
35分钟

原料

牛奶200毫升，红枣30克

调料

白糖15克

做法

1.砂锅中注入适量清水，大火烧开，倒入洗好的红枣，搅拌均匀。2.盖上盖，用大火烧开后续煮30分钟至红枣熟软。3.揭盖，倒入备好的牛奶，搅拌均匀。4.加入适量白糖，搅拌至白糖溶化。5.盖上盖，稍煮3分钟至入味。6.揭盖，关火后盛出煮好的甜汤，装入备好的碗中，即可饮用。

烹饪时间
Times
31分钟

银耳雪梨白萝卜甜汤

难易度：★☆☆☆☆　　　3人份

原料

水发银耳120克，雪梨100克，白萝卜180克

调料

冰糖40克

做法

1.去皮洗净的雪梨切瓣，去核，再切成小块。2.洗好去皮的白萝卜对半切开，切条，改切成小块。3.洗净的银耳切去黄色根部，再切成小块。4.开水锅中，放入白萝卜、雪梨块、银耳，炖至食材熟软。5.放入适量冰糖，煮至冰糖溶化。6.关火，盛出煮好的甜汤，装入碗中即可。

✎ 做 法

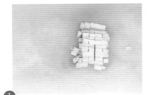

❶ 将去皮洗净的山药切片，再切条形，改切成小块。

❷ 洗净的银耳去除根部，改切成小朵，备用。

❸ 热水锅中，倒入山药、银耳，煮至食材熟软。

❹ 加入少许白糖，转大火略煮片刻。

❺ 倒入适量水淀粉，煮至汤汁浓稠；关火后盛出，即可食用。

烹饪时间
Times
36分钟

银耳山药甜汤

难易度：★☆☆☆☆　　🍴 3人份

🥬 原 料

水发银耳160克，山药180克

🧂 调 料

白糖、水淀粉各适量

🍵 烹饪小提示

干银耳可用温开水泡发，这样更易烹调，此外银耳可事先加食粉焯煮一下，甜汤口感更爽滑。

杨枝甘露

难易度：★☆☆☆☆　　🧑 2人份

烹饪时间
Times
20 分钟

🍃 原 料

芒果肉65克，西米45克，椰汁70毫升

🌀 烹饪小提示

煮西米的过程中，要不时地搅拌，以免粘锅。芒果丁尽量切的小一些，放入汤中后，更易入味。

✏️ 做 法

❶ 将备好的芒果肉先切成条状，再改刀切成小丁块。

❷ 将锅置于火上，倒入备好的西米，注入适量清水。

❸ 煮至西米呈透明状态，盛出，放入凉开水放凉，滤出待用。

❹ 另起锅，将椰汁略煮；关火后盛出，再加上西米、芒果丁即成。

✎ 做法

❶ 将备好的龟苓膏放入盘中，然后用刀切成小块，备用。

❷ 锅中注入适量清水烧热，放入冰糖，搅匀。

❸ 煮至冰糖溶化，关火后将糖水盛入碗中。

❹ 在糖水碗中，加入备好的龟苓膏。

❺ 放入适量炼乳，备好的蜜红豆、熟花生米，即可食用。

烹饪时间
Times
4分钟

花生红豆龟苓膏

难易度：★★☆☆☆　　🍴 2人份

🥣 原料

龟苓膏150克，蜜红豆50克，熟花生米50克

🧂 调料

冰糖15克，炼乳15克

◎ 烹饪小提示

龟苓膏可以切得小一点，这样更方便食用。冰糖和炼乳的甜味较重，清淡饮食者可以适当减少两者的用量。

红薯牛奶甜粥

难易度：★★☆☆☆　　🧍4人份

🍳 **原 料**

糯米100克，红薯300克，牛奶150毫升，熟鸡蛋1个

🥄 **调 料**

白砂糖25克

🍲 **烹饪小提示**

牛奶煮的时间太久，其营养成分就会流失，所以加牛奶时，宜最后三分钟时加入，使消毒、保存营养两不误。

🍳 **做 法**

❶ 开水锅中，加入已浸泡的糯米、切好的红薯，搅拌均匀。

❷ 盖上盖，烧开之后转小火煮约40分钟，至材料煮熟。

❸ 揭开盖，加入备好的牛奶、熟鸡蛋，搅拌一下。

❹ 加入白砂糖，待粥煮沸后即可关火；盛出甜粥，装在碗中。

烹饪时间
Times
68分钟

糙米桂圆甜粥

难易度：★☆☆☆☆　　📖 1人份

🔄 **原 料**

水发糙米100克，桂圆肉30克

🔄 **调 料**

冰糖20克

✅ **做 法**

1.锅中注入适量清水烧开，倒入清洗干净的桂圆肉。2.放入备好的糙米，用勺子搅拌一会儿，使米粒散开。3.盖上盖，烧开后用小火煮约65分钟，至食材完全熟透。4.揭盖，放入适量的冰糖，拌煮一会儿，至糖分完全溶化。

5.关火后盛出煮好的糙米桂圆甜粥，装在碗中，即可食用。

饴糖红枣姜汤

难易度：★☆☆☆☆　　📖 4人份

🔄 **原 料**

红枣40克，生姜30克

🔄 **调 料**

麦芽糖适量

✅ **做 法**

1.将去皮洗净的生姜切块，备用。2.砂锅中注入适量清水烧热，放入洗净的红枣，倒入姜块。3.盖上盖，烧开后用小火煮约40分钟，至材料析出有效成分。

4.揭盖，加入适量麦芽糖，转中火，边煮边搅拌，至其溶化；关火后盛出煮好的甜汤，装入杯中即可。

烹饪时间
Times
42分钟

生姜红糖牛奶

难易度：★☆☆☆☆　　　👥 2人份

🍴 **原料**

生姜25克，牛奶200毫升

🍯 **调料**

红糖20克

烹饪时间
Times
2分钟

🍲 **烹饪小提示**

此道饮品最好趁热饮用，这样有利于
人体吸收其营养成分。此汤可以散寒
祛湿、温阳补血，贫血人群可常吃。

🖌 **做法**

❶ 将去皮洗净的生姜切
薄片，再切成细丝，
备用。

❷ 汤锅置火上，倒入备
好的牛奶。

❸ 放入切好的姜丝，搅
拌均匀，用大火煮至
沸腾。

❹ 加入红糖煮至糖分溶
化；关火后盛出煮好
的甜汤即可。

🔹 做法

1 锅中注入适量的清水，用大火烧开。

2 将马蹄和切好的甘蔗倒入锅中，搅拌均匀。

3 盖上锅盖，烧开后再煮20分钟。

4 倒入备好的白糖，搅拌片刻。

5 盖上锅盖，略煮片刻，至食材入味，盛出煮好的甜汤，装碗。

烹饪时间
Times
21 分钟

马蹄甘蔗汤

难易度：★☆☆☆☆　　🍽 1人份

🥬 **原料**

马蹄40克，甘蔗40克

🍶 **调料**

白糖适量

🔹 **烹饪小提示**

甘蔗在炖的过程中会散发出浓浓的类似红糖的香气，口感甘甜，所以可以少加白糖，以免影响口感。

传世五宝汤

难易度：★☆☆☆☆　　👥 2人份

烹饪时间
Times
17分钟

🍲 原 料

鲜百合20克，红枣25克，桂圆肉35克，
水发银耳50克，山药60克

🥄 调 料

白糖10克

🍴 烹饪小提示

百合略带苦味，与其他食材同煮之
前，可先在放有糖的开水中过一下
水，再煮的话，苦味就不会那么重。

✍ 做 法

❶ 去皮的山药切成小块；银耳切去根部，切小朵。

❷ 开水锅中，倒入红枣、百合、山药。

❸ 放入桂圆、银耳，煮约15分钟至熟软。

❹ 倒入白糖，煮至溶化，盛出即可。

做法

❶ 砂锅中注入适量清水烧热，倒入备好的浙贝母、杏仁，撒上冰糖。

❷ 盖上盖，用大火烧开后转小火煮约20分钟。

❸ 关火后揭盖，将材料倒入碗中，放凉待用。

❹ 取榨汁机，选择搅拌刀座组合，倒入食材。

❺ 选择"榨汁"功能，榨成汁；断电后倒出杏仁露即可。

烹饪时间
Times
24分钟

浙贝母杏仁露

难易度：★★☆☆☆　　🍴 1人份

原料

杏仁35克，浙贝母15克

调料

冰糖20克

🥄 烹饪小提示

杏仁可提前泡发，去掉杏仁尖，这样既去掉了有害成分，又缩短了煮的时间，而且榨好的汁口感更佳。

党参麦冬茶

难易度：★☆☆☆☆　　📖 1人份

🥣 原 料

党参15克，麦冬15克，红枣25克

🥄 调 料

冰糖20克

烹饪时间
Times
24分钟

🍵 烹饪小提示

红枣糖分高，冰糖可适量少放一些；
红枣切开或直接用红枣片煮茶，便于
营养成分的析出，口感也更佳。

🍴 做 法

❶ 砂锅中注水烧开；放入洗净的党参、麦冬、红枣，搅匀。

❷ 盖上盖，用小火煮约20分钟，至其析出有效成分。

❸ 揭开盖，放入冰糖拌匀；盖上盖，煮约3分钟，至其溶化。

❹ 揭盖，搅拌匀；把煮好的茶水盛出，装入碗中即可。

木瓜西米甜品

难易度：★☆☆☆☆　　📷 1人份

原料

木瓜50克，牛奶30毫升，西米40克

调料

白糖适量

做法

1.洗净去皮的木瓜切成厚片，再切成丁，装入碗中，备用。2.锅中注入适量清水烧开，倒入备好的西米，撒上适量冰糖，用小火煮至西米呈半透明状。3.倒入切好的木瓜，备好的牛奶，搅拌片刻，使其味道均匀。4.用小火再煮约5分钟，稍微搅拌一会儿。5.关火后盛出煮好的甜汤，即可食用。

烹饪时间
Times
13分钟

丰胸木瓜汤

难易度：★☆☆☆☆　　📷 1人份

原料

木瓜80克，橙子50克

调料

冰糖适量

做法

1.洗净去皮的木瓜切块，再切成丁。
2.洗好的橙子去皮，切开，再切成小块。3.锅中注入适量清水，大火烧开，倒入切好的木瓜、橙子，搅拌片刻。
4.盖上锅盖，烧开后转小火煮约20分钟至食材熟软。5.揭开盖子，倒入备好的白糖，搅拌片刻；盛出即可饮用。

烹饪时间
Times
25分钟

雪梨红枣桂圆茶

难易度：★☆☆☆☆　　🍚 2人份

○ 原 料

雪梨150克，红枣30克，桂圆肉25克，枸杞少许

○ 调 料

白糖20克

😊 烹饪小提示

煮红枣时会出现很多白沫子，会影响汤的美观，可以拿勺将这些白沫子撇去，使汤品色香味俱全。

✏ 做 法

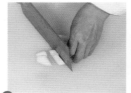

❶ 清洗干净的雪梨去皮，切开，去核，再切成小块。

❷ 开水锅中，放入备好的红枣、桂圆肉、枸杞，倒入雪梨块。

❸ 盖上锅盖，烧开后用小火煮约20分钟，至食材全部熟透。

❹ 揭开盖，放入白糖，煮约半分钟至溶化；关火后盛出，即可。

✎ 做 法

❶ 将已经泡发好的银耳切去黄色的根部，再切成小块。

❷ 去皮山药切成厚块，再改切成丁，备用。

❸ 开水锅中，倒桂圆、红枣、山药，煮至沸腾。

❹ 倒入银耳、冰糖，略煮片刻至食材熟软。

❺ 用勺持续搅动片刻，使食材味道均匀；关火后盛出即可。

烹饪时间
Times
20 分钟

美容益肤汤

难易度：★☆☆☆☆　　👥 1人份

🥢 原 料

桂圆肉8克，红枣6克，水发银耳50克，山药80克

🍶 调 料

白糖适量

💡 烹饪小提示

山药去皮切片时要戴上手套，以免皮肤过敏；去好皮的山药最好泡在盐水里，防止发生化学反应变色。

党参桂圆枸杞汤

难易度：★☆☆☆☆　　🍴 1人份

烹饪时间
Times
22分钟

🍵 原 料

党参20克，桂圆肉30克，枸杞8克

🧂 调 料

白糖25克

🍵 烹饪小提示

药材清洗时不要浸泡，以免影响药效；煮的时候，把药材装入隔渣袋，煮好后捞出，可减少汤中的残渣。

🥄 做 法

❶ 砂锅中注入适量清水，用大火烧开。

❷ 倒入备好的党参、桂圆肉、枸杞，用勺轻轻搅拌均匀。

❸ 盖上盖，用小火煮约20分钟，至全部食材熟透。

❹ 揭开盖，放入白糖，煮至溶化；关火后盛出，装入碗中即可。

做法

❶ 洗净的红枣对半切开，去除果核，再取果肉，切成小块。

❷ 将银耳切去黄色的根部，再切成小块。

❸ 取榨汁机，倒银耳、红枣、水，磨成细末。

❹ 汤锅置火上，倒榨汁机中的材料，煮至熟软。

❺ 撒上适量的白糖，煮至糖分溶化；关火后盛出即可。

烹饪时间
Times
6分钟

红枣银耳露

难易度：★☆☆☆☆　　1人份

原料
水发银耳130克，红枣20克

调料
白糖少许

烹饪小提示
榨汁的时间可适当延长，这样煮熟时口感更细腻爽口；榨汁时，要一次性加够水，不可煮汤时再加水，影响口感。

甜杏仁绿豆海带汤

烹饪时间
Times
50分钟

难易度：★☆☆☆☆　　　🍚 2人份

🔸 原料

甜杏仁20克，绿豆100克，海带30克，玫瑰
花6克

🔹 做法

1.砂锅中注入适量清水，大火烧开，倒入备好的甜杏仁、泡好的绿豆，搅拌均匀。2.盖上锅盖，用大火煮开后，转用小火续煮约30分钟，至食材全部熟软。3.揭开盖子，加入已经切好的海带丝，备好的玫瑰花，搅拌均匀，略煮片刻。4.关火后盛出煮好的甜汤，装入备好的碗中，即可食用。

经典美颜四红汤

难易度：★☆☆☆☆　　　🍚 1人份

🔸 原料

红豆80克，花生60克，红枣5颗，桂圆
10克

🔹 调料

红糖10克

🔹 做法

1.砂锅中注入适量清水烧开，倒入泡好的红豆、花生，搅拌均匀。2.用大火煮开后转小火续煮30分钟，至食材七八分熟软。3.加入桂圆肉、红糖，拌匀至红糖溶化，续煮至食材熟透。4.加入红枣，焖煮10分钟至食材入味。5.关火后盛出煮好的甜汤，装碗即可。

烹饪时间
Times
1小时

姜汁红薯汤圆

难易度：★☆☆☆☆　📖 2人份

烹饪时间
Times
12分钟

🍵 **原 料**

小汤圆90克，红薯120克，姜丝少许

🍶 **调 料**

红糖适量

🍲 **烹饪小提示**

汤圆下锅前，应微捏汤圆，使其外皮上略有裂痕，这样下锅煮透后的汤圆里外皆熟，不会夹生，且软滑可口。

🔪 **做 法**

❶ 将去皮洗净的红薯切成片，再切成条，改切成丁。

❷ 砂锅中注水烧开，倒入红薯丁，用中火煮约5分钟至断生。

❸ 撒上姜丝，放入小汤圆搅散，用中小火续煮约4分钟至熟透。

❹ 倒入红糖，用大火略煮，至糖分溶化，盛出装碗，即可。

烹饪时间
Times
22分钟

太子参百合甜汤

难易度：★☆☆☆☆　　👥 1人份

🔵 原 料

鲜百合50克，红枣15克，
太子参8克

🍶 调 料

白糖15克

🍵 烹饪小提示

鲜百合用温水浸泡一会儿再清洗，更容易清除其杂质；太子
参为清补之药，但味微苦，不宜煮太久，否则汤汁会较苦。

✅ 做 法

❶ 砂锅中注入适量清水，
用大火烧开。

❷ 倒入洗净的太子参、红
枣，放入洗好的百合。

❸ 盖上盖，煮沸后用小火
煮约20分钟，至熟软。

❹ 揭盖，撒上适量白糖，
搅拌均匀。

❺ 转中火再煮片刻，至糖
分完全溶化；关火后盛
出即成。

银耳龟苓膏

难易度：★☆☆☆☆　　🍽 1人份

🍲 **原 料**

水发银耳40克，红枣10克，龟苓膏150克

🥄 **调 料**

冰糖10克

烹饪时间
Times
32分钟

🍜 **烹饪小提示**

泡发好的银耳用流动的水冲洗，更易洗净。锅中汤汁沸腾后，要不断地搅动，防止银耳胶质粘锅，影响甜汤的口感。

✏ **做 法**

① 砂锅中注入适量清水，倒入备好的银耳、红枣。

② 盖上锅盖，用大火煮约30分钟。

③ 揭开锅盖，倒入适量冰糖。

④ 搅匀，煮至糖溶化，关火后盛出，装入碗中，倒入龟苓膏即可。

Times
35分钟
烹饪时间

雪梨竹蔗粉葛汤

难易度：★☆☆☆☆　　2人份

原料

雪梨块150克，竹蔗50克，
胡萝卜70克，粉葛40克

调料

冰糖5克

烹饪小提示

竹蔗和雪梨都含有较高的糖分，如果个人口味清淡，不喜
好太甜，则也可以选择不放冰糖。

做法

① 去皮胡萝卜切成小块；去
皮竹蔗切开，再切条。

② 洗净去皮的粉葛切开，
改切小块，待用。

③ 砂锅中注入适量清水烧
热，倒入备好的竹蔗、粉
葛；放入胡萝卜、雪梨。

④ 盖上盖，烧开后用小火
煮约30分钟至食材熟
透；揭开盖，倒入冰糖。

⑤ 拌匀，煮至溶化；关火后
拣出竹蔗，盛出余下的
汤料，装入碗中即可。